高校数学教学创新与能力培养研究

代丽丽　田华峰◎著

中国商务出版社

·北京·

图书在版编目（CIP）数据

高校数学教学创新与能力培养研究／代丽丽，田华峰著 . -- 北京 ： 中国商务出版社，2024. 11. -- ISBN 978-7-5103-5458-8

Ⅰ. O13-42

中国国家版本馆 CIP 数据核字第 2024N4K225 号

高校数学教学创新与能力培养研究
GAOXIAO SHUXUE JIAOXUE CHUANGXIN YU NENGLI PEIYANG YANJIU

代丽丽　田华峰　著

出版发行：中国商务出版社有限公司

地　　址：北京市东城区安定门外大街东后巷 28 号　　邮　　编：100710

网　　址：http://www.cctpress.com

联系电话：010—64515150（发行部）　　010—64212247（总编室）

　　　　　010—64515164（事业部）　　010—64248236（印制部）

责任编辑：杨　晨

排　　版：北京盛世达儒文化传媒有限公司

印　　刷：宝蕾元仁浩（天津）印刷有限公司

开　　本：710 毫米 ×1000 毫米　　1/16

印　　张：12.75　　　　　　　　字　　数：210 千字

版　　次：2024 年 11 月第 1 版　　印　　次：2024 年 11 月第 1 次印刷

书　　号：ISBN 978-7-5103-5458-8

定　　价：79.00 元

前 言

　　数学是人类文化的重要组成部分，大部分学科都以数学作为基础理论。创新关系是一个民族的进步，是国家兴旺发达的不竭动力。数学教育作为教育的一个重要组成部分，对人的发展和社会的发展都有着十分重要的作用。数学已成为现代社会的一种文化，数学观念在不同层次上影响着我们的生活方式和工作方式。因此，高校数学教学与创新能力培养显得格外重要，不仅要求老师要准确无误地将理论知识和解题技巧传授给学生，还要让学生领略到数学文化的魅力，提升数学思维，学会将数学思想融入生活及工作，才能让数学独有的特性发展创新能力促进社会的发展。

　　本书对高校数学教学创新与能力培养进行研究，围绕当代高校数学教学的现状与挑战，深入探讨了创新教学与学生能力培养的紧密结合。首先论述了数学教育与教学的基础理论，分析了不同教学方法的应用，并将理论与实践相结合，其次阐述了创新方法在实际教学中的可操作性和有效性，针对教学方法论与现代信息技术下的高等数学教学模式创新路径进行了探讨，最后对数学思维、应用意识和创新能力的培养进行详细研究。本书为推动高校数学教学改革、提升学生的综合能力提供了理论支撑和实践指导，适合高校数学教师、教育研究者阅读使用。

　　本书的撰写得到了许多专家学者的帮助和指导，在此表示诚挚的谢意。由于作者水平有限，加之时间仓促，内容难免有疏漏与不够严谨之处，希望各位读者多提宝贵意见，以待进一步修改，使之更加完善。

作　者

2024 年 5 月

目 录

第一章

绪　论

第一节　数学思想方法与思维模式

一、数学思想方法

数学思想是指人们对数学理论和内容的理解，数学方法是数学思想的具体形式，它们本质上是相同的，通常被混淆为数学思想方法。数学思想方法在人类文明中的作用体现在数学与科学的结合以及数学与社会科学的结合上。数学思想方法是大学数学课程中的重点，是数学理论的灵魂和指导思想，主要包括七种思维方式：化归与转换、有限与无限、函数与方程、数形结合、分类与整合、特殊与一般、必然与或然。在课堂教学中，我们应该小心改进这些数学思想方法。根据知识的历史演变顺序和课程内容顺序，引导学习者从文化思维的角度审视相关内容，使学生理解知识的精神实质。文化教育与良好的教育材料密不可分，很少有融入文化性的大学数学教材。如果教科书能够向学生介绍数学事实的背景和相关数学家、数学故事，那么学生不仅可以掌握数学知识，还可以学习数学技能，体验数学思维过程，促进他们的数学学习。

（一）化归与转换

所谓的化归就是将未知的、未解决的问题转化为已知的、已解决的问题并解决问题的过程。在数学课程中，在解决数学问题时经常会使用转换和化归的思想。学生必须理解和掌握化归思想，将其转换为自己的基础数学教育，并有意识地运用化归的思想。转换更多指等价转换。等价转换是思考如何将未知解决方案的问题转化为可在现有知识中解决问题的重要方式。持续将未知转换，把非标准和复杂问题转化为熟悉的、标准化的，甚至模块化的简单问题。转换的想法无处不在，我们需要不断发展和拓展学生的数学意识，这有助于学生强化解决数学问题的应变能力，提高他们的思维、意识和能力。转换可分为等价转换和非等价转换。等价转换需要转换过程中的因果关系，以确保转换后的结果仍然是原始问题的结果。非等价转换的过程是充分或必要的，让人们能够对推论进行必要的修正（因为无理方程和有理方程需要验根），这让人们能够在解决问题时找到突破口。在应用时，我们必须意识到转换的等价和非等价的不同要求，确保在等价转换时实现等价性，并确保逻辑正确性。

（二）有限与无限

有限和无限之间存在根本区别。初等数学主要研究常数并更多使用有限性，高等数学主要研究变量，更多用到无限性。因此，找出有限与无限之间的联系和区别是一项重要的数学技能。关于"无限距离的和可能有限"的问题，学生可以想象无穷递缩等比数列的总和。这样的序列具有无限倍数，但无限倍数的总和是有限的。古希腊数学家芝诺故意将有限的距离划分为无限的部分，创造了一种永远无法接近的错觉。

（三）函数与方程

函数思想是用函数概念分析、转换问题以及用函数概念解决问题。方程思想从问题的数量关系入手，通过使用数学语言将问题的条件转换为数学模型，然后通过解方程组（不等式组），最后解决问题。

函数描述了数字之间的关系，函数思想根据问题的数学性质创建了函数关系的数学模型。在解决问题时，最好挖掘问题的隐含条件，并构建函数解析式和妙用函数的属性，这是应用函数思想的关键。如果对给定问题的观察、分析和评估更加深入、完整和全面，则可以生成两者之间的关系并构建函数原型。此外，方程问题、不等式问题和一些代数问题也可以转化为与它们相关的函数问题。

笛卡尔方程是：实际问题→数学问题→代数问题→方程问题，即将任何问题转化为数学问题，将任何数学问题转化为代数问题，并将每个代数问题归结为解方程。我们知道，一般都是通过解方程来实现求值问题。列方程、解方程和研究方程的性质都是方程理论应用中的重要考虑因素。

（四）数形结合

数形结合是数学思想的重要方法，包括"以形助教"和"以数辅形"两个方面。数形结合的应用大致可分为两种情况：一是用形的生动性和直观性阐明数字之间的联系，即应用函数图像的手段来直观地解释函数的本质；二是借助数的精确性和严密性来说明图的一些属性，即以数为手段，以形为目的，如应用曲线方程以准确地阐明曲线的几何属性。

数形结合是基于条件和数学问题的结论之间的内在关系，它不仅分析代数意义，而且揭示其几何直观，从而让量关系的精确刻画与空间形式的直观形象和谐地结合在一起。使用此结合关系，找到问题的解决方案，使复杂化的问题变得简单。数形结合的本质是抽象数学语言与直观图像的结合，关键是代数问题和图形之间的转换。如果使用数字和形式的组合来分析、解决问题，我们必须注意三点：第一，必须彻底理解概念和运算的几何意义以及曲线的代数性质，对数学问题中的条件和结论既要分析其几何意义，又要分析其代数意义；第二，正确设置参数，合理使用参数，建立关系，做好数形转换；第三，确定参数的取值范围。

（五）分类与整合

分类是一种逻辑方法，一种重要的数学思想，也是一种重要的解题策略，它体现了化整为零、积零为整的思想方法。分类讨论思想的数学问题显然是合乎逻辑的、全面的和具有探索性的，可以培养人思想的条理性和概括性。在回答分类和讨论的问题时，我们的基本方法和步骤是：首先，确定讨论对象的整个范围；其次，确定分类标准，合理分类，标准是统一的，没有遗漏的，分类互斥（不重复）；再次，对所分的类再次逐步讨论，分级处理，得到阶段性的结果；

最后是归纳总结并得出结论。

（六）特殊与一般

特殊和一般是重要的数学思想方法。作为对客观事物的一种理解，数学与其他科学概念一样，遵循实践→认识→再实践的认识过程。然而，数学对象（数量）的特殊性和抽象性产生了特殊的认知方法和理论形式，这些方法和理论形式在数学认识论中产生了独特的问题。"一般"是指数学认识的一般性。数学与其他学科一样，遵循感性具体→理性抽象→理性具体的辩证认识过程。"特殊"是指数学知识的特殊性。数学研究事物的量的规定性，而不是事物的质的规定性。数量在事物中是抽象的，是不可见的，只能通过思维来掌握，思维有其自身的逻辑，因此，数学对象的特性决定了数学理解方法的特殊性。

（七）必然与或然

"必然"是合乎一般规律，因此事件的结果具有更大的确定性；"或然"是规律发生作用的条件具有复杂性，因此事件的结果表现形式相对不确定。世界上的一切都是多样的，人们对事物的理解是从不同角度进行的，人们发现事物或现象可能是确定的，也可能是模糊的或巧合的。为了理解随机现象的规律性，便生成概率论这一数学分支。概率是一门调查随机现象的学科。随机现象有两个基本性质：一是结果的随机性，即重复相同的测试，得到的结果不一定相同，因此测试结果无法在测试前预测；二是频率的稳定性，也就是说，在重复的测试中，每个测试结果发生的频率是"稳定"的。要了解一个随机现象，就要知道这种随机现象的所有可能结果，并知道每个结果出现的概率。概率研究的是随机现象，研究过程是在"随机"中找到"必然性"，然后用"必然"规律来解决"偶然"问题。其中所体现的数学思想就是必然与或然的思想。

二、数学思维模式

在《数学思维理论》中，任樟辉指出，数学思维是针对数学活动来说的，通过对数学问题的提出、分析、解决、应用和推广等工作以获得数学对象（数量关系、空间形式、结构模型）的本质和规律性的认知过程。这个过程是人脑对数学对象信息的接受、分析、选择、处理和整合。它是一种高级神经生理活动，也是一种复杂的心理过程。

（一）数学思维的含义

数学以数字和形状作为研究对象，数学思维是一种特殊的思维方式，它是数学对象、数学符号和数学语言的间接、概括的反映过程。数学思维是通过数学符号和数学语言，使用数字和形式作为思想对象，通过数学判断和数学思维揭示数学对象的本质和内部联系的过程。数学思维使用数学活动作为建立数学知识的工具，通过提出问题、分析问题和解决问题，然后引申、推广问题等形式，形成数学知识，概括总结数学的概念、思想和方法（包括思维方式和方法）以认识和改造客观世界。

数学思维与数学方法有关，数学思维应以数学结果的形式表达，数学过程是获得这些结果的思维过程，而数学方法本质上是数学思维活动的方法，包括数学的思想、概念、构建并找到数学的方法、数学证明方法和数学应用方法。数学思维除了具有明显的普遍性、抽象性、逻辑性、精确性和定量性外，还具有问题，类比、辩证法，想象性和猜测性以及直觉、美的特征。数学思维不是孤立的心理活动。数学思维具有多种思维品质，如灵活性、关键性、原创性、敏捷性、突发性、价值性、飞跃性和整合性等。

（二）大学数学中重要的思维模式

数学思维方式的形成和应用是数学思维的另一个基本过程。大学数学包括多种思维模式，下面将着重就以下模式进行介绍。

1. 逼近模式

逼近模式是通过接近目标并逐渐连接条件和结论来解决问题的方式。其思考程序为：①把问题归结为条件与结论之间的因果关系的演绎；②选择适当的方向逐步逼近目标。逼近模式有正向逼近（顺推演绎法）、逆向逼近（逆求分析法）、双向逼近、无穷逼近（极限法）等。

2. 叠加模式

叠加模式是运用化整为零、以分求和的思想，来对问题进行横向分解或纵向分层，并通过逐个击破而解决问题的思维方式。其思维程序是：①把问题归结为若干种并列情形的总和或者插入有关的环节构成一组小问题；②处理各种特殊情形或解决各个小问题，将它们适当组合（叠加）而得到问题的一般解。

上述意义上的叠加是广义的，一般解可以从特殊情况的叠加中得到，或者子问题可以单独解决，并且叠加结果来解决问题。建立小目标的条件和结论之间存在一些中间点。最初的问题被分解为几个子问题，因此前一个问题的解决方案是解决后一个问题并叠加结果以得到最终解决方案的基础，并且还可以引入中间或辅助元素来解决问题。

3. 变换模式

变换模式是通过适当变更问题的表达形式使其由难化易、由繁化简，从而最终解决问题的思维方式。其思维程序是：①选择适当的变换，等价的或不等价的（加上约束条件），以改变问题的表达形式；②连续进行有关变换，注意整个过程的可控制性和变换的技巧，直至达到目标状态。

变换模式是变更问题的一种方法。通过适当变更问题的表达，使其由难变易，从而解决问题。变换模式具有等价转换和不等价转换。

所谓的等价转换是指将原问题变为新问题，使两者的答案相同，即两种形式是相互必要和充分的条件。高等数学求极限方法中的等价无穷小替换、洛必达法则、求积分的换元法、分部积分法都是等价转换，等价转换的特殊形式是一种恒等变换，包括数字和方程的恒等变形。

使用泰勒公式来找到极限是恒等变换。线性代数中的求解线性方程组（群）使用方程的通解变形，这也是等价转换。

非等价转换意味着新问题扩展或限制了原始问题的允许范围。

4. 映射模式

映射模式是将问题从本领域（或关系系统）映射到另一个领域，在另一个领域求解后，返回到原始领域来解决问题的思维方式。它与转换模式基本相同，但转换通常是从数学集到自身的映射。它的思维程序是：关系→映射→定映→反演→得解。

较具体的一些映射模式有：几何法、复数法、向量法、模拟法等。

第二节　大学数学教育的演变

1978 年底召开党的十一届三中全会，标志着中国改革开放时期的开始。20 世纪 80 年代，理工类高校的大学数学教育焕然一新，新的"高等数学"体系得到了广泛的认可并且得到实践。20 世纪 90 年代，随着信息经济作为知识经济时代核心的来临，大学数学教育又向前迈进了一大步，大学的数学建模活动影响了一代人的数学教育理念。到了 21 世纪，大学数学教育改革过程进行了系统的总结，提出了各高校的数学教育继续改革的方向。

一、《高等数学》内容的变革

1976 年以前的《高等数学》教科书由三部分组成：引言、解析几何和数学分析。一般分为两册。第一册包含解析几何、函数和极限、微分方程和一元函数的积分，第二册包括级数、傅里叶级数、微分方程、多元函数和微分方程的积分。1980 年 4 月 28 日，教育部出版了《关于编审高等学校理工科基础课和技术基础课教材的几项原则（试行草案）》，要求教材计划编制和课程编制与出版对每个课程的要求要具有多种不同风格和特点，应反映国内外先进的科学技术水平，以不断提高教学质量。

20 世纪 80 年代，大学数学教师普遍认为社会已进入信息时代。随着现代工程科学的迅速发展，人们对数学知识的需求也在不断增长。数学在现代工程中的内容不仅包括传统数学的一些分支，还包括 20 世纪发展起来的现代数学的概念、理论和方法。当前高新技术需要研究的问题，包括数学模型和方法从低维到高维、从线性到非线性、从静态到非平稳、从局部到全局、从常规到奇异、从稳定到分支和混沌。数学不仅是一种"工具"或"方法"，还是一种思维方式，即"数学思维"；不仅是一门科学，还是一种文化，即"数学文化"；不仅是一些知识，也是人的品质之一，即"数学素质"。这些基本概念得到了广泛认可，并努力寻求实施改革。

工程教学计划提出于 1985 年，1987 年完成了高等数学教学和四门技术数学课程（线性代数、概率论和数理统计、复变函数和数学物理方程）的制定基本要求。随后的教科书由高等教育出版社于 1987 年 4 月经教育部高教司批准后正式出版。高等数学（内容只限于微积分）的参考学时（包括练习）再次从 1980 年的 216~230 学时，减少到 190~210 学时，线性代数是 32~36 学时，概率论和数理统计是 44~52 学时，复变函数是 32~36 学时，数学物理方程是 30~32 学时。这是一个很大的改进。最重要的是，线性代数和概率论与数理统计作为科学与工程课程的基础科目，突破了以往的"高等数学"框架，体现了随着时间的推移不断进步的精神。

进入 20 世纪 90 年代，理工科大学的数学课程体系基本形成。它包括基础部分、选学部分以及讲座部分。基础部分是各类专业的必修课，包括：①以微积分、常微分方程为主体的连续量的基础；②以线性代数（包括空间解析几何）为主体的离散量的基础；③以概率论与数理论统计为主体的随机量的基础；④以数学实验和简单的数学建模为主体的数学应用基础。

选学部分是选修课，包括工程中常用的数学方法：①数学物理方法（包括复变函数、数理方程、积分变换等）；②数值计算方法；③最优化方法；④应用统计方法；⑤数学建模。讲座部分，开设工程与科学技术中有用的数学新方法讲座。例如分枝、混沌、神经网络、小波分析等。

数学实验和数学建模课程的广泛开放，改变了以往数学教育和实际应用的现状，提高了学生在数学学习和数学应用方面的兴趣和能力，在学生们中间受到很大的欢迎。

1995 年，教育部在研究项目中纳入了《高等教育面向 21 世纪教学内容和课程体系改革计划》，开发了两个大学数学科目的研究课题：一个是由西安交通大学（负责人马知恩教授）主持，西安交通大学、大连理工大学、同济大学、电子科技大学、四川大学、吉林大学（原吉林工业大学）、大连海事大学、清华大学、上海交通大学、东南大学、西北工业大学、重庆大学和华南理工大学等 13 所院校参加的"课程改革数学课程和教学大纲系统的研究与实践"；另一个是由清华大学（负责人萧树铁教授）主持，清华大学、北京大学、内蒙古大学、西安交通大学、复旦大学、湘潭大学、武汉大学、浙江大学、北京师范大学、中国科技大学、郑州大学、中山大学和南开大学等 13 所院校参加的"非专业数学课程体系高等数学与大学教学改革"，它们都是教育部"九五"主要研究课题。

课程和教学大纲制度的改革既是中心又是艰难的起点。经过 5 年的改革研究和实践，全国各地举办了一系列教育改革会议，提出了教学改革的具体指导原则和改革方案，并出版了 21 世纪改革教科书，进行了改革的试点，取得了一些重要的改革成果。2000 年，高等教育出版社发表并出版了两份研究报告，即《工科数学系列课程教学改革研究报告》和《高等数学改革研究报告(非数学类专业)》。其中，"数学系列课程教学内容与课程改革的研究与实践"获得 2001 年国家级教学成果二等奖。

二、两个报告的内容摘要

在这项改革中，清华大学萧树铁教授组织的"非数学类专业的主要研究报告"和西安交通大学马知恩教授组织的"工科数学系列研究报告"是改革最重要的两项，主要都是针对非数学专业的数学教学研究报告。这两份研究报告（下文简称《报告》）由高等教育出版社于 2000 年出版，对后来的大学数学教育产生了非常深远的影响。这两份报告概述了 20 世纪末理工学科和技术数学课程改革的历史和成果。其中，一些陈述非常具有创新性，甚至可以被认为是非常理论化的。以下是一些本书认为的重要的论点，绝大多数文本都来自这两份报告，而这本书只是做了文本上的串联。为了简明起见，《报告》在引用时指的是两者，在此不做两者之间的区别。

（一）关于时代特征

《报告》从知识经济时代的高度，概述了数学教育改革的草案。根据《报告》，大学的数学教育应立足于知识经济时代，提供改革思路，提升学生的创新能力。在新时代，大学数学教育已从"职业教育"转变为"终身学习"，转变为未来终身学习而打基础的教育阶段，这是有益的。

（二）关于课程设置

《报告》以"四个基础""三层平台"确立了理工科数学课程体系。工科数学的四个基础是：连续量的基础——微积分和常微分方程是最主要的部分；离散量的基础——以线性代数（包括空间解析几何）为主体，适当增加线性空间和线性变换的初步知识；随机量的基础——以概率论和数理统计为主体；数学应用基础——以数学建模、数值计算和数据处理为主体的数学实验。

理工类的大学数学教学大纲的基本结构是：第一平台——四个基础课程，如上所述，涵盖微积分、几何、代数、随机属性和数学实验；第二平台——有限的基础课程，可以使用模块化的形式，基于"综合、模拟和示范"的教学方法，模块内容包括现代几何、数学物理方法、随机过程、应用统计、数值分析、运筹学、离散数学等；第三平台——可任意选择基础课程，每所学校自由定义，大部分是以讲座的形式进行，通常包括混沌与分形、小波分析等。

这一课程体系，从世界科学发展的现状与未来出发，结合中国高等教育实际所提出的大学数学课程体系，经受了未来的实践检验，是可行有效的。

（三）关于数学素质

《报告》清楚地阐述了数学技能的构成，并定义了"数学素养"和数学素质教育的概念。工科学生的数学能力包括：抽象思维能力、推理能力、逻辑思维、空间想象力、数学建模能力、数学运算能力、数据处理和数值计算能力以及数学表达（包括符号、图像）能力。数学质量是指人们对事物中"数字"和"形式"属性的理解以及对待其对应关系的理解和潜力。数学教育中的高质量教育是教师通过数学知识载体，进行生动合理的思考，引导学生积极主动的心理和智力的导引，成为一种激发智慧、发展智慧、挖掘潜能、探索的先进教学行为。

数学素质的内涵：利用"抽象模式和结构"思维模式，运用符号和逻辑系统进行演绎思维，并根据客观事物构建数学模型的能力，提取事物"数"和"形"的敏锐感；在数学文化中建立一个愉快的情感联系，拥有欣赏数学文明、营建数学文化的美感情操。

数学素质教育要摒弃"只讲推理，不讲道理"的单一模式，做到既要讲推理，又要讲道理。教材不能只是一个形式符号构建的骨架，它所表述的应是有血有肉的活的数学。

三、数学建模活动的开展

解决科学技术领域的实际问题或与其他学科相结合的跨学科问题，首要和决定性步骤的数学方法是创建与研究对象相应的数学模型并计算出解决方案。可以说，现代应用数学的核心就是建立数学模型。在 20 世纪的最后 20 年，数学建模课程在中国的大学普遍开设。与此同时，成千上万的学生参加了"数学建模竞赛"，这是一项意义深远的改革活动。

1982 年，复旦大学俞文首先开设了数学建模课程。同年，萧树铁在教育部直属的 12 所工程学校合作的会议上提出建立数学建模课程的重要性。1983 年春，萧树铁在清华大学数学系实践和研究数学建模课程教学，并在全国推广。1987 年，姜启源和任善强分别编写了数学建模的教材。1990 年，中国工业与应用数学学会成立，萧树铁成为第一任理事长。1994 年，由工业和应用数学研究所和教育部高等教育司共同主办的全国大学生数学建模竞赛正式启动，每年举办一次。在 2013 年满 20 周年的时候，超过 40 万名学生参与，参与人员收获很大，并感受到"一次参赛，获益终生"。由教育部高等教育司和中国工业与应用数学学会共同主办的"2011 高教社杯全国大学生数学建模竞赛"，吸引了来自国内外 1 251 所大学的 19 490 支队伍的 58 000 多名大学生，规模程度之大让世人震撼。北京理工大学的叶其孝，为组织我国大学生参加美国的"大学生数学建模竞赛（MCM）"做出了特别的贡献。1989 年，我国首次组队参加。2011 年，我国有上百所院校的 200 多支队伍参加 MCM 竞赛，占全部参赛队伍的 80% 以上。

数学建模课程的开设和相关的竞赛活动，不仅增加了大学数学教育的教学内容，丰富了学生的数学生活，更重要的是使学生认识到了数学的价值，扭转了对形式的夸大追求和公理化的趋势，回归数学发展的历史过程，形成了一个更科学的数学概念，其效果将是深刻和持久的。随着数学建模课程的开设，数学实验课程诞生了。1997年，萧树铁组织了清华大学和北京师范大学的一些教师，研究了本课程的具体内容，编写了讲义，并开展了试点项目。经过一年的实验，讲义正式发表在《数学实验》（高等教育出版社，1999）一书中。与此同时，中国科技大学、上海交通大学、西安电子科技大学等学校也开设了数学实验课程，对教科书进行编写。进入21世纪后，该课程在全国数百所大学开放。进入21世纪后，数学建模课程的教学水平不断提高。在此期间，"数学与统计学教学指导委员会"李大潜任主任委员。他积极推动数学建模、数学实验建设和相关竞争活动，建议将数学建模的精神融入数学教育的主要课程。为了凸显主要目的并避免花费太多时间增加学生的负担，他认为有必要将数学建模内容纳入每个主要的数学科目。

四、若干大学数学教育改革项目和研究活动

在大学的数学改革中，许多学者有自己独特的观点，形成了百花齐放、百家争鸣的局面，其中一些观点已经实施。与此同时，大学数学教育的研究和探索仍在继续。这里有一些简短的介绍。

（一）张景中、林群的"微积分初等化的探索"

微积分理论目前都是基于极限理论，并在 $\varepsilon-\delta$ 语言中提倡表达。张景中院士试图改变这种现象。阿蒂亚（现代著名数学家，1966年菲尔兹奖获得者）1976年在伦敦数学学会担任会长时说过："当获得的经验代代相传时，我们必须不断努力简化它并且让它统一，事物在过去的岁月中很容易让人们疑惑，但以后的年代里连孩子们都会很容易理解。"这是张景中想让数学更容易的一些动力。

早在20世纪90年代，张景中院士就开始用非 ε 极限来推广无穷小微积分的转换。这个想法逐渐成为现实。经过张景中的一系列实验，重庆大学数学系陈

文立在 2005 年基于非 ε 极限理论编写并发表了《新微积分学》，并由广东高等教育出版社出版。2006 年，张景中还在全国数学课程报告论坛上发表了他的新作《微积分的初等化》。这一次，他提出了使用不等式来定义导数的概念，即没有边界理论，使用初等数学方法来严格解释微积分。林群的著名演讲"微积分魔术"也旨在躲避边界理论将微积分初等化，通过不等式加以表述。要点是：求导推出极限过程改用不等式以及求积分推出函数下方图形的面积改为求导数的面积。张景中和林群的微积分基本化思想虽然得到很多人的支持接受，但并未得到普遍应用。

（二）数学文化的研究形成热潮，"数学文化"课程普遍开设

在 21 世纪，人们急于在大学数学教育领域研究数学文化。丘成桐、杨乐、季理真编著了《数学与人文》系列丛书，于 2010 年 5 月出版。同样在 2010 年，《数学文化》期刊开始出版，编辑由德国和国外著名的数学家组成。更重要的是，顾沛教授率先在南开大学开设了"数学文化"课程，并逐步推广到全国的各大专业。数学文化课程的目标是将数学和文化相结合，从文化角度观察数学，以更好地揭示数学的文化价值。顾沛认为，"数学文化"是指数学的思想、精神、方法和观点及其形成和发展，进一步包括数学家、数学史、数学教育、数学发展中的人文成分、数学与社会的联系、数学与各种文化的联系等。"数学文化"课程的开设有助于提高学生的数学素质，更好地理解和掌握数学思想。顾沛编著的《数学文化》一书，2008 年由高等教育出版社出版。张奠宙、王善平编著的《数学文化教程》（高等教育出版社，2013）是为文科学生编写的教材，内容更加贴近社会科学的需要，如介绍用数学方法研究《红楼梦》作者是谁、统计数据可能撒谎、20 世纪世界数学中心的变迁等课题。"全国高校数学文化课程建设研讨会"于 2008 年 7 月在河南郑州举行。会议论文结集为《数学文化课程建设的探索与实践》，于 2009 年由高等教育出版社出版。2013 年 8 月，第三届全国数学文化论坛学术会议在沈阳举行，马志明、严加安、袁亚湘等院士出席演讲，李大潜发来书面文稿，盛极一时。

（三）西方数学与中国传统文化的融合

大学数学课程早年是从西方引入的。这些课程中的理性文明已融入中国文化，成为现代中国文化的一部分。然而，许多学者也用中国古典文化来解释西方数学。例如，勾股定理、刘徽割圆术、杨辉三角、算法思想体系等已被纳入西方数学。此外，关于"一尺之棰，日取其半，万世不竭"的讨论被用来描述一系列极限过程；徐利治用"孤帆远影碧空尽"的诗句描述了无穷小连续数量的过程；严加安主张数学与诗歌的联系；张春燕用白居易的《寄韬光禅师》诗来表达"数形结合"的数学思想。这些努力都是将西方引入的数学与中国传统文化观念相结合的尝试，首先主要是通过意境交流。

张奠宙等在"数学欣赏"的课题中，做了一些努力，特别是建议微积分教学可以按照"局部与整体"的线索展开，增加人文气息。例如，用《道德经》的"道生一，一生二，二生三，三生万物"理解自然数公理和数学归纳法；以苏轼的《琴诗》揭示数学反证法的含义；用贾岛的"只在此山中，云深不知处"解说"数学存在性定理"的意境；以陈子昂的《登幽州台歌》比喻爱因斯坦的四维时空。

（四）"大学数学课程报告论坛"和"高等学校大学数学教学研究与发展中心"的设立

大学数学课程报告论坛由国家高等教育教学研究中心、教育部数学与统计学系、中国数学学会教育委员会、国家高等教育学院数学委员会、中国数学会教育工作委员会、全国高等学校教学研究会数学学科委员会、高等教育出版社及有关高校联合发起。大学数学课程报告论坛于 2005 年 11 月 5 日和 7 日在上海同济大学举行，以后每年召开一次，众多知名院士、专家参加会议。数学教育界的这一数学教学改革盛会，已经对我国的教育教学改革产生了重大的影响。

2009 年，西安交通大学与高等教育出版社联合成立"高等学校大学数学教学研究与发展中心"（以下称"中心"），这是近几年大学数学教学改革的一件重大事件。"中心"每年都通过组织立项的方式推进大学数学教学的研究和改革，取得了一系列的成果，推动了国内对大学数学教学实践和理论的研究。"中心"不仅对国外大学数学教学和教材研究做出了贡献，而且为我们借鉴国外的经验提供了便利条件。

第三节　当代数学观和数学教育观

一、数学观概念

何谓数学观，这是一个仁者见仁、智者见智的话题。顾名思义，"数学观"即为"观数学"，就是看待数学或者对数学的观点。自数学从最原始的生产活动中萌芽开始，不同时代，不同国度，不同的数学家、哲学家、物理学家甚至一般的民众都对数学有过独特的观念与见解。比较典型的有先验论、经验论、形而上学、柏拉图主义数学观、实证主义等，这些观念中的一部分至今仍拥有广阔的影响力。

数学观是人们对数学的性质与任务的认识，因而必然对数学教学的内容、方法等各个方面产生深刻的影响；数学观涉及数学知识的来源与性质，也涉及数学与人类社会各个领域的知识之间的关系，我们必须接受数学作为一种人类的活动，这种活动不受任何一种学术思想（历史上的逻辑主义、直觉主义与形式主义等）所制约。

现代观点认为数学可以处理思想。数学不是关于铅笔记号或粉笔记号，不是关于有形的三角形，不是关于物体的组合，而是关于可以用适当的物体表达或呈现的想法。我们从日常经验中熟悉的数学知识或活动的主要性质是什么？第一，数学的对象是人类发明和创造的；第二，其不是被任意创造的，而是在现有数学对象的活动中产生的，来自科学和日常生活的需要；第三，一旦被创造，数学对象的性质是确定的（这可能很难发现），但性质是客观的，与我们是否知道它无关。事实上，这种观点认为，真正的数学知识应该是对抽象思维对象的研究，而不是对真实事物或现象的定量属性的直接研究；但同时，这种观点也肯定了数学的概念、结构和思想是物理世界、社会存在和思维世界中各种具体现象的反映，也是组织这些现象的工具，因此数学在现实世界中有其现象学基础。

随着数学理念的发生与发展，由真实事物或现象（现实原型）所抽象出来的数学概念、命题、问题和方法，由特殊上升到了一般，从而形成了模式。模式具有相对的独立性，能反映一类问题的共同特性，而具有超越特殊对象的普遍意义；模式不再从属于特定的事物或现象，也不再是专为研究特殊的实际系统及其性态而设计的数学结构。数学家就是通过模式的建构，并以此为直接对象来从事客观世界量性规律性研究的问题解决；因而从这样的角度分析，数学就被说成是"模式的科学"。数学家寻求存在于数量、空间、科学、技术乃至想象之中的模式；数学理论阐明了模式间的关系；函数和映射，把一类模式与另一类模式联系起来，从而产生稳定的数学结构。

关于数学知识来源的观点也限制了数学是一门动态科学，作为人类活动，它必然会随着实验和应用的新发现而改变和发展；它也必然与人类活动的各个领域（即各种自然科学、社会科学和思维科学），有着广泛而密切的联系。数学永远不会缩进象牙塔，关闭应用的大门。只有从巨大的人类智慧宝库中吸收更多的营养，以满足自身探索知识的需要，并且只有作为一种多元的综合，数学才能真正发展。

二、建立现代的数学教学观

数学教师在进行数学的思考的同时，也必须进行教学的思考，也就是说数学教师除了要具备数学思维之外，还应该培养教学思维。数学教师应该运用教育学、心理学的知识，将有关的数学内容放在教学背景下进行审视。这应该是两类知识的结合，也是数学观与教学观的交融渗透。

数学教学理念应该是数学教师对数学本质和学习数学的认知过程的一种理解。它不仅涉及数学的性质和特征，还涉及获取知识的认知过程，或学习数学的规律。除了思考数学知识的科学性和教学内容的方法外，我们还必须确定对教学形式和方法的理解，还必须确定以科学的方式教授数学知识的条件和本质。

恩斯特曾基于数学哲学和数学教学的实验研究，提出了数学教师的三种数学观及其在教学中的相应表现，即分析了数学教师对数学本质的自觉或潜意识信念、概念、意义和规则的思考，他们在数学教学中的主要倾向和相关数学训练的选择，可以大致归纳为以下三种类型。

第一种是问题解决观点。将数学看成是动态的、以问题为主导和核心的过程。数学就是一个不断探索、不断求知、不断扩大知识总体的过程。数学不是一个已经完成的产品，其最终结果总是开放的，有待继续修正。在数学教学中的表现，则反映为强调数学教学是一种活动，主张"学数学就是做数学"，不仅注意知识的结果，更加重视获得知识的过程，目的在于鼓励学生亲身经历并进入数学的生成发展过程。

第二种是柏拉图式观点。将数学看成是静态的、统一的知识实体，数学只能被发现，而不能被创造。在数学教学中的表现，则反映为强调数学作为严谨的形式体系的整体结构，以概念为主导，注重概念的内涵，尤其重视推理的逻辑，强调关系，突出"为什么"，容许学生自己构造算法，但必须考虑其可行性与相容性，以符合数学纯粹的形式法则。

第三种是工具主义观点。将数学看成是一个工具袋，它由各种事实、规则与技能累积而成，由于某些外部目标的追求，而由那些熟练的工匠加以运用。在数学教学中的表现，则反映为教师按照传统的方式，突出对规则、步骤的演示，强调操练程序，不重视证明，甚至不容许超出课本中列出的算法，只要求学生能掌握根据教学目标规定的熟练技能。

实际上，数学教师的教学观不一定很明确地显示出属于哪种类型，往往是以上三种互不相容的观点的混合，在不同时期与不同的内容中，相应地显现出某一方面的倾向。传统的教育思想以机械反映论为基础，即认为认识无非是主体对于客观实在的简单的、被动的反映，于是数学学习也无非是一种"授予 — 吸收"的过程。因此，数学学习也是在一定社会环境中的主动建构过程。

在实际的教学中，课程的主体内容往往是没有完善地引导、分析，就将结论直接抛出。对于和生活比较接近的知识，学生还容易理解并进行相关的应用。而对于那些十分抽象的数学分析和数学结论，没有进行引导就直接给出结论，学生就会变得困惑。同时，学生在此教学模式的影响下总是不求甚解，丧失了数学研究的乐趣，甚至放弃数学学习。针对以上的问题，在实际的教学环节设计当中，应该积极地引导学生对问题进行探究，让学生明白数学知识的形成过程，让学生在探讨的过程中能够慢慢发现问题中所蕴含的数学思想和对问题的具体解决办法。对于学生都有困惑的问题，教师可以着重进行仔细讲解。让学生在引导下发现解决问题的思路，而不是引用现成的数学原理。只有这样才可以激发学生对数学学习的热爱，为数学素质的培养奠定坚实的兴趣基础。最简单地说，在讲授导数这一课时，我们就可以从物理的速度、加速度引入导数在实际问题中的具体应用，从而使抽象的函数定义变得简单明了，让学生知其然，知其所以然，而不是简简单单地告诉学生怎样求导，直接忽视了数学思维的培养。通过这样的课程设计改革将会使学生的数学水平得以提高，为学生今后的发展奠基。

课堂教学活动中的主体就是学生本身，学生作为教学的主体应该成为课堂中的重点。通过建构主义的观点，教师更应该成为整个课堂活动的主导者与促进者，起到的是引导作用，而不是一味灌输知识。教师必须努力鼓励学生树立良好的自我意识，学会自我检查，通过反思调整自己，并鼓励学生相互交流思想。在学习的过程中，数学教学是为了增加数学知识和提高数学能力，在特定的数学情境中，不断发现问题、寻找方法。学生要有自己独特的方法与见解，学会自我评价和相互评价，真正成为有意识地投入和积极构建学习活动的主体。学生通过自身的数学思维能力的形成，对结果进行相应的判断，并在这个过程中积极思考，主动参与，在课堂上，教师可以通过情境设置来激发学生学习的兴趣，提出有趣的设想，并且根据相应的问题，对学生的思维进行一定的启发，在课堂教学活动中，教师不是一味地指挥学生，而是作为引导者在课堂中一步步进行问题的引导，以平等的形式让学生参与到课堂之中。教师的位置是鼓励与激励，而不是对错的评判。

数学教师需要在数学教学中发挥主导作用。首先，必须深入了解学生真实的数学思维活动，这样才能根据学生已有的数学知识进行启发与促进。其次，必须为学生的数学学习活动创造一个良好的学习环境，以帮助学生获得必要的数学经验和预备知识，这样才能为新的知识建构提供良好的基础。最后，必须重视对学生错误的纠正，以帮助学生进行自我反省，引起内在的观念冲突，这样才能提供适合的外部环境以促进学生数学认知结构的更新，从而不断适应与发展新的建构过程。数学教学应该促使学生的学习活动向着下述方向转变：学生主动且独立地处理学习内容，并且越来越自主地学习，并能系统地形成学习目标；选择并使用适合内容、条件及目标的学习策略；合理地使用学习工具与学习时间等。换句话说，数学教师所进行的教学思考与所做出的教学决策，必须有利于促使学生从"学会数学"进而发展成为"会学数学"。

总之，数学教师必须特别注重自身观念的更新，不断转变陈旧传统的数学观和数学教学观，根据数学教育的基本矛盾，正确认识数学教育的价值及其时代特征，充分理解数学学习和教学活动的本质，从而实现数学教学理念的根本变革，最重要的是数学学习不再被视为教师对数学知识的被动接受，而是基于学生现有数学知识和经验的社会建构过程。

第二章

高校数学教学基础理论

第一节　数学教学基础知识

一、数学概念的分类

（一）单一概念和普遍概念

根据数学的概念进行分类，从外延的这一特征可以区分数学概念：只有一个特定对象的引申概念称为单一概念，而有许多甚至无限个特定对象的引申概念称为普遍概念。从语言的角度来看，当我们讨论一个具体的个体概念时，我们常常在它的名称之前加上它的普遍概念的名称。例如，"等腰梯形的两条对角线相等"是"等腰梯形"一般概念的实质。在指称普遍概念的属性时，通常在其前面加上量词"全部"、"全部"或"一切"或"一些"、"个别"和"部分"，以区分属性的普遍性或局部性。

相应的数学概念，如自然数、线性函数、四边形、比率等，都具有普遍性，因为它们的引申包含了许多具体的对象。在普遍概念的延伸范围内的每一个具体对象都是一个独立的概念，即所有的普遍概念都是由几个具有共同本质属性的独立的概念组成的。我们在描述它时，可以说"所有等腰梯形的两条对角线相等"，以强调和突出"等腰梯形"具有"两条对角线相等"的性质。

（二）抽象概念和具体概念

关于抽象概念与具体概念，要明确这两者之间是相对存在，但抽象的物体在专家眼中十分具体。举例来说，普通学习者首先接触到函数的概念是非常抽象的，但作为一个研究方向，对研究生来说是非常具体的。决定性的因素不论是具体的还是抽象的，都是人的"感知极限"。感知极限会使人思考有关抽象的概念，而一些感知极限高的人会思考具体的概念。一些感知极限特别低的人只能通过感官直觉进行结果的判断，所以会认为"可见"和"可触摸"是具体的，而"看不见"和"不可触摸"则是抽象的。这些人用"可见"和"看不见"、"可触摸"和"不可触摸"来划分具体和抽象。如果人类感知的极限可以建立在一些理想能力的基础上，这样一些呈现到抽象上的感觉就是能够实现具体。对于认知能力的发展来说，抽象感觉转化为具体事物，也是人们思维能力不断发展的重要标志。

数学发展史可以说明，为了方便研究所创造出的具体形象化形式，举例来说就是将数学概念进行符号化分类，这也是十分有效的途径之一，这样就可以将抽象的概念、命题或推理过程，通过用一张图、几个符号形象地进行展示，自然产生了一种"具体"的感觉。通过此类形式，就有了数学抽象概念和数学具体概念的形成。

抽象概念主要分为两类：一类是反映某种数学过程的所谓过程概念，例如运算、变形、乘方、开方、合并同类项、解方程（组）、解不等式（组）、多项式的因式分解、公式的恒等变形、解直角三角形、黄金分割等，都是数学过程概念，这个过程是以运算为标志的，所以数学过程概念也叫作数学运算概念。另一类是反映某些数学具体概念之间的联系方式的所谓关系概念，例如相反、全等、相似、相等、不等、垂直、平行、对应、相交、重合、对称、余（补）、切、割、离、成比例等，都是数学关系概念。

在具体的教学实践中，要注重启发学生理解，利用抽象概念的动态性和接触性特点，培养学生思维接触的动态能力。例如，对于相似的多边形，有这样一个性质："相似多边形的面积之比等于其相应边之比的平方。"这个性质是用文字描述的，如果要求学生证明这个性质，他们通常无法找到它的条件和结论。但是，如果引导学生注意叙事过程中使用的三个关系概念"相等""对应"和"相似"，考虑到关系概念的依赖性，通过结合所绘制的图形，不难找到这些关系概念所依赖的具体概念，从而明确其命题和结论，从而写出需要证明的已知条件和结论，结合相似三角形的性质和面积的计算公式，快速完成证明过程。

从抽象概念和具体概念的角度来看，复合概念是由一些抽象（复合关系）概念连接起来的一组具体概念；关系的概念（包括组合关系的概念）是一个抽象概念，它连接了一些具体概念，并依赖于一些具体概念。这两者之间有趣的关系不容混淆。

（三）否定概念和肯定概念

根据数学概念在反映对象的属性时，采用的是否定式还是肯定式，可以把概念分为否定概念和肯定概念。

否定对象具有某种属性的概念称为否定概念。物体具有某些属性的概念称为肯定概念。中学里绝大多数的数学概念都是肯定的概念。初中课本中出现的否定概念有 20 个左右，如反数、不等式、无理数、同心圆、线与圆分离、两圆外分离（包含）、不可能事件、随机事件等。

很容易区分由否定或肯定表达式直接给出的概念的归属。例如，平等的定义是"表示平等关系的公式称为平等"。显然，定义中的判断是肯定的，所以平等是一个肯定的概念，而不平等的定义是以否定的形式表述的，所以不平等是一种否定的概念。此外，积极概念中的消极判断或消极概念中的积极判断也很常见。确定一个数学概念是积极概念还是消极概念的基础是看概念定义中的主要判断是积极的还是消极的。

一些未定义的常见数学名词和术语，如反向、不存在、无意义、不大于、不小于、非负数，可以被视为不定性概念。在确定一个概念是否定的概念还是肯定的概念时，我们不应该被名称所迷惑，而应该看一下揭示其含义的陈述方式。例如，虽然"同心圆"是一个肯定的名称，但在定义过程中存在"半径不相等"的否定判断，因此它是一个否定的概念。

（四）相对概念和绝对概念

属性是在独立于自身的一定范围内所表现出的专门特征，所以这一范围内的属性叫绝对概念；另外，因关系属性而具备反应差异的内容叫作相对概念。例如，平行四边形就是一个四边形内部显现出来的属性，因为它所反映的是四边形中的一部分具有"两组对边分别平行"的性质因此平行四边形就是一个数学绝对概念。三角形的外接圆则是一个数学相对概念，它们同某些三角形之间，被一种所谓"外接"的数学关系所连接。下面仅对初中数学教材中涉及的相对概念进行简单介绍。

代数表达式的值、平方根、函数、线段的垂直平分线、角平分线和圆的切线等是相对概念。根据相对概念的定义，就组合概念中的任何单个概念而言，组合概念中每个单独的概念都是相对概念。

从相对概念的定义可以看出，它总是与某种关系联系在一起的。这种关系的另一端必须涉及另一个概念或几个概念。为了区分所涉及的其他概念，它被称为相对概念。例如，因子分解与多项式的乘法有关、平方根与幂有关、黄金分割点与线段上的其他点有关、函数与自变量有关。

正常情况下，学习中的困难或关键概念是相对概念，如平方根、函数和其他学生通常认为困难的概念是相对的概念。有了这样的认识，为我们的教学指明了一个方向：在教学中，我们必须抓住"相对性"的突破口，引导学生明确相对概念必须涉及其对称概念，并且必须有一种连接相对概念及其对称概念的相对关系。我们应该与学生一起发现这种关系，并围绕这种关系进行思考、探索和交流，让学生意识到，如果没有对称性和相对性，就不可能理解相对概念。

上述数学概念的分类是从不同的角度，根据不同的标准进行的，目的是让我们掌握分析数学概念特征的各种方法和途径，从而加深我们对各种类型概念的理解。应该注意的是，如果从不同的角度和根据不同的标准对同一个数学概念进行检查，那么它可能有多个"标题"。例如，平行四边形是一般概念、属（种）概念、个体概念、特定概念、肯定概念和绝对概念。在概念课教学中，教师应仔细分析这些概念的分类和属性，根据学生和教材的实际情况选择合适的分类角度和标准，将概念的本质属性、结构类型和表达方法有机地落实到课堂教学过程中，加强对正反例概念的理解，真正掌握数学概念。

二、数学教学的目标

（一）数学教学目标与目的

"数学教学目标"和"数学教学目的"都是由国家教育主管部门制定的，是学生深造或就业的基本要求。就我国的教学理论而言，"数学教学目标"和"数学教学目的"没有明确的含义，在使用上存在混淆。目前，从我国基础教育课程改革的角度来看，以往教学大纲中提出的"教学目的"与新课程标准中提出的教学目标不同。

"数学教学目标"的主体是学生，这是期望学生学习时可能发生的行为变化的结果。它用"学生学到了什么""学生经历了什么"和"学生学习后可以做什么"来表达，以便教师在课堂上观察、测量和评估。"数学教学目的"的主体是教师，这是对教师教学的总体要求，是方向，是指针，用"学生所学"来表达。但在教学实践中，教学结果与理想期望之间往往存在差距。

（二）影响数学教学目标制定的因素分析

由于数学教学目标是评价数学活动是否有效的标准，因此，数学教学目标的制定，必须考虑其合理性、可行性和可能性。综合分析，影响数学教学目标制定的主要有社会、学科、学生三个方面的因素。

1. 社会因素

数学教学目标既受制于社会的发展，又必须符合社会的需要，这就是要回答基础教育阶段要教给学生什么样的数学，体现着目标的合理性要求。首先，数学教学受制于社会的发展，受到一定社会发展状况的制约。数学教学目标如果超越了现实社会发展的基础，则难以实施相应的教学活动。其次，数学教学必须符合社会需要，教育的作用就是要把自然的人培养成社会的人、社会的生产力。当今社会和未来社会需要公民具有何种数学素养影响着数学教学的目标。数学教学既要反映社会的需要，也要反映社会公众的需求。数学推动着社会的发展，反过来，社会又影响着数学教学目标。

2. 学科因素

数学的特点对于教学的目标有着一定的影响，因为数学教学相当于学习数学这门学科的基础，同时反映了教学目标在学科中的要求。现代数学的发展已经渗透到与人类生存密切相关的各个领域。它不仅为其他学科提供了语言和工具，还直接创造了生产价值。数学不仅帮助人们更好地探索客观世界的规律，提高认知的准确性和可预测性，而且锻炼和发展人们的思维能力，提高思维效率，并有助于数学思维。数学不仅可以培养科学意识、科学思维方法、科学精神、科学态度，提高个人科学素养，还可以培养人们的意志和信念，提高人们的审美水平。

3. 学生因素

根据学生的年龄特征和认知能力来制定数学教学的目标，经过多方考虑，所制定的教学目标需体现出实施的结果与效率。数学教学目标必须与学生的身心特点相适应，否则，不仅达不到数学教学的目标，甚至会阻碍学生的身心发展。

首先，制定数学教学目标要有整体性；其次，制定数学目标要有针对性。根据心理学研究，人的身心发展具有一定的规律，这些规律表明学生各阶段的学习能力不同。如果教学内容要求过低，学生就会觉得缺乏挑战性。如果教学内容要求过高，会打击学生的学习积极性。例如，初中阶段学生的学习目标若从形象思维向抽象逻辑思维转化，这对初中生来说就难以接受。所以，确定数学教学目标要以学生的生理和心理的成熟程度及特点为基础。

（三）高校数学教学目标

高校教育活动中，数学教学属于整体课程体系十分重要的一个环节，也是开展高校教育的重要内容，通过对学生能力的发展，使得数学思想对于不同专业学生的专业课也有一定的帮助。现在我国高校数学教学体制还存在着一些弊端：一是由于学生普遍基础有限，同时因为教学的内容较多，导致任课老师会因为学生的基础，而删除一部分教学内容，使得教学内容衔接不当；二是高校对于专业课过于重视，而对基本的教育课程较为忽视，对于数学的学习没有得到足够重视；三是由于数学教学的内容较为抽象，对于学生所学的专业内容利用率不高，导致了数学学科与专业课程之间联系较为薄弱，没有充分利用数学思想。这三种情况主要是由于任课教师以及教学的管理者没有清楚地把握数学学科的内涵，在高校教育中没有将数学课程的作用发挥完整。明确数学课程在高校数学中的定位，对学生的未来发展以及教学的质量都有一定的作用，总共可以分为以下四个方面。

1. 基础课

高校教育分为专业课与基础课，基础课是根据学生所选择的不同专业而开设的辅助性课程，根据培养的目标分为基础技能以及基础理论，在整个专业课程教育中担任着打基础的作用，通过基础课的学习可以保障专业课学习的质量，同时，数学课程的基础知识，也能够为学生专业课水平的提升打下良好的基础。通过对整个学习体系进行观察，发现数学课程也是一切学科的基础。现如今，高校教育许多学科的运用都离不开数学专业知识，通过数学基础的学习，可以在专业课中进行有效运用，例如数控及软件专业需要运用数学知识进行解析。所以数学课程虽然是一类基础课程，但是对于学生知识的构建有着举足轻重的作用。

2. 技术型课程

技术课亦称工具课，是指为学生顺利地学习和应用专业知识掌握必要的方法、技能和工具而开设的课程。在高校教育中，数学课程不仅是一门基础课，还是一门技术课，它为学生学习专业知识和解决专业实际问题提供可靠的论证方法和计算工具。

随着科学技术的发展，计算机的普及使数学不仅是作为一门学科而存在，同时也是一项十分重要的技术。在日常生活中都离不开数学、数学技术，它们现如今也是大型高科技项目的重要组成部分，例如航天技术、计算机技术等，通过高精密度的计算、自动化的运行来实现数学模型的具体化，数学的运用方法是通过计算机进行计算，高科技离不开数学技术的应用。在高等教育中，通过对数学课程的学习，能够让学生掌握数学建模的方法，建立良好的数学思想，通过日常的学习使得他们更好地利用专业性的知识来解决现实中的问题。高校数学课程不仅能够提供理论上的知识，还可以成为一门提供方法的技术课程。

3. 能力型课程

现在一项工作的完成度取决于基础理论知识以及技术性知识的综合运用，而不在于参与者的经验，所以在高校教育中，数学课程主要是为了培养学生自主思维能力以及解决问题的能力，只有学生自身掌握了过硬的技术，才能够更好地在生活中发挥作用。数学课程也属于一项能力培养的课程，因为高校教育不仅仅是为了社会培养技术人才，同时，还需要在不同的专业中培养多功能性的人才，不仅需要学生掌握基础性的理论知识，还需要具备一定的创新能力，才可以更好地发挥所学的知识。

在高校教育培养学生能力的过程中，数学课程的学习有着举足轻重的地位，同时也是其他学科不可以替代的课程，现如今，社会对于人才的要求，不仅需要过硬的知识，同时还要具备良好的修养，通过数学思维的培养，增强自身能力，可以面对社会中复杂多样的变化，对学生的专业能力及适应能力起到一定的帮助作用。

4. 文化型课程

除了以上三个方面，数学同时也是一门重要的文化课程。高校数学教育改革不仅需要为学生提供数学知识的学习，同时还需要让学生形成一定的数学思想以及数学逻辑，所以数学属于一门文化型课程。

数学文化也推动了整个人类文化文明的发展，数学教学中的方法、思想、精神都属于数学文化的类别，其中蕴含着十分丰富的研究价值，丰富了人们的精神世界，提供了无限的研究方向，所以高校数学课程不仅能够培养学生的能力，还可以提升文化素质和修养。

三、数学教学的原则

（一）数学教学原则的含义

数学教学的原则，也是通过在具体的教学实施过程中，根据不同的规律进行的定义，教学原则离不开具体的教学实施，在整个教学发展过程中需要不断地进行改善教学原则。数学教学原则是根据教学目标来反映出一定的教学规律，并且通过教学目的的确定来进行具体的教学实践，不断满足教学过程中的基本矛盾关系。具体操作时需要将教学原则贯穿整个教学过程中，通过策略性知识的学习，促进数学教学活动的开展，遵循教学原则也利于培养德智体美劳全面发展的"有理想、有道德、有文化、有纪律"的社会建设者。

（二）数学教学的具体原则

由于时代不同、研究角度和理论基础不同、教学原则的表述和项目不同，对教学原则的讨论也不同。鉴于数学课堂教学的特殊性，现如今，高校数学课堂存在一定的矛盾性，包括了教师主动性与学生被动性之间的矛盾、学生基础与教学内容之间的矛盾、教育特征与数学课程之间的矛盾，这三点在整个教学活动中都普遍存在，阻碍了教学的进程。

1. 一般教学原则

教学原则即教学活动的出发点，针对一般教学原则，我国教育教学需要遵循三个方面的原则。

（1）教育特征以及数学特征二者之间的差异性，也是数学课程需要解决的首要矛盾。教学原则有知识传授与能力发展统一的原则、思想教育与科学教育统一的原则、智力因素与非智力因素统一的原则等方面。

（2）数学教师作为教学的主导者，需要调节好教师与学生之间的矛盾关系，在因材施教的前提下进行启发式教学主导，让学生以积极的方式进行学习。

（3）学生自身基础水平与教学内容间的矛盾关系，需要通过循序渐进原则、可接受原则、及时反馈原则以及直观性原则进行有针对性的调试，根据不同的情况，在课堂上运用不同的教学方法。

通过课堂教学的指导进行数学课程的传授，不同的教学方式不是独立存在的，而是需要在具体的教学活动中，根据学生自身情况以及教学内容融合，利用不同的教育方法来进行指导发挥其有效性。不同的教学原则，在具体的课堂运用过程中都需要根据实际情况实施，启发式的教学原则也是教师需要充分认识的客观规律，根据课堂的具体实施情况，以教师作为主导的数学课堂，最大限度地提升学生学习数学的兴趣，在课堂上不断引导学生，调动起其积极性，发散数学思维，不断挖掘学生的内在潜力。摒弃传统"一言堂"式的教学方法，通过启发式教学的模式，在整个教学活动中进行知识的传授，并且不断激发学生学习的热情。

2. 数学教学的特殊原则

数学教学过程中需要注意的特殊原则，也是针对高校学生在学习数学的过程中存在的一些特殊现象，包括了模型抽象与背景经验相结合的原则、形式表达与思维训练相结合的原则。

（1）模型抽象与背景经验相结合的原则。通过这个原则可以发现学生自身基础水平以及对待数学学科的态度。由于学生初始数学水平参差不齐，而数学内容及目标都是相对存在。通过模型抽象与经验背景与二者之间的结合来看，首先是由不同的抽象特征来决定，也就是数学命题与概念，不管是数学模型、教学还是命题教学，整个课堂活动都是建立在抽象层次上，也就是将数学的概念，延伸为抽象的思维，通过自身的分析与概括，将具体事物进行拆分，找到合适的形式进行表达。数学的字母就是抽象的具体模型，以模型作为逻辑起点进行分析。

其次，这是由学生的认识规律和已有水平决定的。学生认识数学理论，是从他的生动直觉开始的。模型的抽象建立在学生的具体的经验基础之上，为学生提供了感性认识的基础，为学生的思维提供一个好的切入点，为学生学习活动找到一个好的载体，符合学生的认识基础。另外，奥苏伯尔认为"影响学习的最重要的因素，就是学习者已经知道了什么"，在学生已有水平之上进行教学才能激发学生有意义学习的动力，有助于学生进入"愤""悱"状态。

最后，因为数学这一门学科，不仅仅是理论上的书面知识，同时，在应用的范围上也十分广泛。由于数学具有广泛应用性，在进行具体的课程实施时，学生根据不同的基础，以及数学经验进行初步的认识，同样感知数学学习的价值，不仅能够正确地认识、数学模型，还能够更好地利用数学知识。数学模型不仅仅是单一的图形分解与符号运算，同时，在现实生活中能够应用不同的客观事实依据，例如函数的运用需要分析对称性、单调性、抽象化的内容，就突出了数学的本质要素。

（2）形式表达与思维训练相结合的原则。这项原则是让学生根据不同的形式以及数学教育特征进行学习，并且依据学生自身的表达能力以及求知能力。

首先，数学呈现的不仅仅是形式化与结构性的特征，还能够以动态的过程进行表达，不同形式化的特征形成了抽象化，数学学习过程并不是符号之间的累积，而是形式间的转换与应用。通过数学模型的应用来培养创新性的思维，以体现数学内容并进行广泛表达。在高校数学教学中，很多学生虽然对数学形式较为了解，但在具体的运用中很难通过有效方式进行分析，这就失去了学习数学的根本意义，需要学生将形式及内容进行充分的应用，有意识地在数学学习的过程中理解数学内涵。

其次，根据学生自身的需求进行数学课程的学习。大部分学生在教育阶段进行数学的学习，主要是针对学科内容，通过这一形式来学习数学知识，从而影响到自身对数学的应用。在学习结束或者毕业后，许多学生对于数学的应用较为稀少，只有一部分学生因专业性的研究而接触数学，虽然在校园内掌握了学习数学的方法，但是面对数学内容的转化能力还有待提高，掌握数学在校园阶段是考试的需要，但是数学这门学科不仅仅是存在于书本上的知识，还是能够被应用在生活的方方面面。

虽然数学学习过于形式化是现如今高校教育中的一个普遍现象，但是数学具有更多的运用价值，当代数学教学需要以创新型的理念去进行课堂教学，不仅教授学生书面数学知识，同时还要理解与掌握，将知识进行充分运用，才能够帮助学生在未来的发展中更好地运用数学，同时，这一良好的学习习惯及数学思维，也为将来终身学习打下了基础。

四、数学教学及其过程

（一）数学教学的内涵

数学教学是数学活动的教学。现代数学哲学研究认为，数学不仅是一门知识，也是人类实践活动的产物。它是一个由问题、方法、语言、命题、理论和其他元素组成的综合体。要理解数学的本质特征，我们不仅要看静态的知识表示，还要看动态的数学活动过程。教学的另一个非常重要的方面是数学活动的过程。一般来说，数学是思维的活动过程，是数学真理的抽象概括过程。

教学中的数学活动既有外在的具体行为操作，也有内在的抽象思维操作。它们是学生从外到内的活动，以内部积极的思维活动为主要形式，数学教学是促进行为操作与思维活动的协调应用，借此开展不同层次的数学活动。数学活动的层次依次体现为：第一，探索阶段。根据不同的观察、实验、归纳、类比、概括等活动来探索和积累数学事实，这也是人类认知和感受（数学过程）的阶段；第二，正式阶段。将积累的材料形式化，引入术语、定义和证明，并演绎形成数学概念和系统（数学再发现过程）；第三，应用理论，内化理论。消化、吸收所学知识并将其融入学习者的整体认知结构（实践活动）。这三个层次突出了数学活动的过程，使教学中的数学活动具有明显的可操作性，表现了数学活动经验从感性到理性、从低级到高级的层次。

（二）数学教学的基本特点

一般教学都具备教育性、师生互动性、双边性等特点。由以上对数学教学的分析可知，数学教学除了具有一般教学的特点之外，还具有不同于其他学科教学的一些基本特点。

1. 数学语言的教学

数学语言是数学的基本特征。语言活动是一项重要的数学活动。无论是数学活动的起点还是数学活动的最终结果，都必须借助数学语言准确表达。在数学教学中，学生不仅要有理解一般自然语言的能力，还要逐步理解和掌握数学中独特的语言特点。

数学语言具有记录知识、总结结论、压缩信息、实现自动操作等强大功能。大多数语言的表示都有两个属性，它们不仅是对象和结构，而且是算法和操作。数学语言已经成为人类社会交流和存储信息的重要手段。数学语言是在不断发展的信息社会中，每个人都必须学习和使用的语言。数学语言不仅决定了人类对物质世界的理解方式，也对人类理性精神的发展产生了重要影响，成为表达科学思维的通用语言。数学交流的成功不仅涉及一个人的数学能力，还涉及一个人思想的开放程度。数学语言的不断掌握可以看作是数学水平不断提高的重要标志。例如，代数语言的掌握标志着数学知识水平从中学过渡到高校；集合论语言的使用可以被视为现代数学发展史的重要标志。

一般来说，数学语言不是专门为学习而设置的，因此有一个循环：学生需要理解语言才能理解意义，而语言是在掌握意义的过程中学习的。语言是内容的载体，教师必须重视数学语言的学习。如果学生不理解数学语言的内涵，或者受到日常语言的影响，就会影响内容的学习。

如今，数学的语言成分在基础教育的数学内容中得到了突出的体现，"用数学语言交流并具有良好的符号意识"是学生的重要数学素质。中国在义务教育新课程标准中指出，数学为其他科学提供了语言、思想和方法，是所有重大技术发展的基础；数学语言是人类文化的重要组成部分，它提出了数学语言在交流、讨论、表达、阅读等方面的目标和要求。

2. 数学思维的教学

数学被称为思维的体操，数学教学的重点是培养学生的数学思维，然而，锻炼思维并不是数学学习的必然结果。由于数学活动大多是抽象和形式化的思维活动，因此不仅需要学生在现有的思维水平上学习，还需要在数学教学中结合学习来发展学生的思维。如果数学活动仅限于记忆数学知识和模仿方法，则不利于学生掌握数学知识和提高思维水平。数学思维包括三个方面：思维内容、思维方式和思维品质。在教学中必须协调这三个方面，以形成数学思维意识。

（1）数学思维的核心内容是数学思想方法，它是数学思维的基础。抽象活动始于学生的经验背景，去探索研究对象的本质特征。但在此过程中，还要学习变元思想、符号化、公理化、模型化、统计、算法、数形结合等数学特有的思想方法。以数学思想方法为指导去进行教学有助于我们将数学课讲活、讲懂、讲深，培养学生用数学的思想方法进行思考。有关数学思想方法的内容将在其他章节讨论。

（2）数学教学的关键是教会学生用数学思维方式进行思考。在思维活动形式上，数学教学主要培养学生形象思维、逻辑思维和直觉思维。图像中的数学思维具有可视化和想象力的特点，具有艺术性，其表现形式是直观推理。数理逻辑思维的特点是抽象和演绎，其表现形式是论证。数学直觉思维是对物体本质的直接洞察和理解，其表现形式是随机推测。从思维结构的发展来看，这三种思维也是人类思维发展的几种形式，即从形象思维到抽象逻辑思维再到直觉思维。因此，数学教学在学生思维发展水平的基础上，综合培养这三种思维，形成直观判断、归纳类比、抽象概括、逻辑分析、模型构建、推理能力、数据收集和处理、选择合适的算法等数学中独特的思维方式。

（3）培养学生的数学思维品质是发展数学思维的突破口。思维品质的内涵非常丰富。对于数学来说，几个重要的思维品质是：深刻性、广泛性、灵活性、敏捷性、批判性和独创性。深刻性：善于把握事物的本质和数量关系，泛化能力强；广泛性：思维开阔，善于多方面探索；灵活性：能够及时摆脱心理刻板印象，寻求解决问题的新方法；敏捷性：思维过程的简单和快速；批判性：善于严格审视思维材料，并在思维过程中仔细检查思维过程；独创性：善于独立思考，寻求新的有价值的成果是创造力的核心。

总之，在数学思维过程中，思维的内容、模式和品质相互促进、相互启发，并逐步向全面的立体思维转变，进而向更高的辩证思维转变。数学教学的价值在于培养学生用数学思维思考问题，逐步形成独立思考、尊重事实、证据和辩证分析的理性思维。

3. 解题的教学

数学教学的重要环节是解题训练。每节数学课都离不开数学题，例题示范，学生口头演算、书面练习、动手实验等。选择好例题，精心选题和编题，是教师教学的重要工作。数学解题教学一方面帮助学生理解概念、巩固法则，应用数学知识；另一方面，学生在解题活动过程中，通过观察、分析、比较、联想、顿悟、尝试错误等思维活动，不断提高数学思维能力。

数学教学离不开数学解题，但"解题"并不等于"题海战术"，并不是应试的工具。"解题"是学习内容与学习目标间的桥梁。解题活动并非仅仅是为解决问题，对于具有一定难度和灵活性的数学问题，学生不一定能获得漂亮的、完整的结论，可能只是找到一种有效的求解思路，也可能只是对问题有了进一步的理解等，只要学生能主动地用心去钻研、去探索，哪怕遭遇挫折与失败，也会获得一种基于体验的过程知识。

4. 科学探究的教学

学生应该创造性地学习数学。数学活动不同于注重动手操作的实验学科和注重调查和证据收集的科学研究。它们是一种专注于独立思考和深入研究数学问题的思考和探究活动。从数学知识的形成来看，它是数学家通过观察、实验、分析、比较、类比、归纳、联想等探索活动，对丰富生动的数学对象内容进行抽象概括后形成的演绎理论体系。因此，数学学习作为一种特殊的认知活动，不仅要重视概念、规则、定理和方法等间接知识的获取，还要重视获取知识的探索过程。在教师的指导下，学生和从事数学研究的数学家一样，应该质疑、发现、总结、判断，经历数学化和再创造的过程，获得基于经验的过程知识。

教师应创造性地组织教学活动。作为数学活动的一部分，教师也应该经历不断的探究。只有教师创造性地教学，学生才能创造性地学习。教学理论在不断演变，课堂教学形势不确定且时间紧迫，许多新课程标准的新教材不断涌现。面对这些新情况和新理论，没有现成的通用教学处方，只有在正在进行的数学活动中进行分析、判断、思考，研究学生的学习，研究数学，研究教科书，研究课堂，教师才能获得实用的数学教学方法。数学教学是教师和学生围绕教学内容进行的一种科学探究活动。

（三）数学教学过程及其要素

1. 数学教学过程的内涵

从不同的角度来看，人们对教学过程有不同的理解。从认识论的角度来看，教学过程是指学生在数学教师的指导下，从无知到有知识，从知识较少到逐渐掌握知识的过程；从心理学的角度来看，教学过程是一个让学生身心全面发展的过程；从社会学角度看，教学过程是师生互动、共同发展等活动过程。

综上所述，数学教学过程是指数学教师组织和引导学生，系统地学习和掌握数学知识，开展积极的思维活动，形成对教育的良好理解和发展的过程。在结构上，它是由教师、学生、教学目标、教学内容、教学方法、教学环境、教学评价等要素组成的多维结构；本质上看，它是一个数学活动的过程，涉及教师和学生的参与和发展，具有目的性和计划性的理解和实践；从功能上看，它是一个具有数学知识转移、数学技能形成、数学能力培养、人格发展等功能的教学过程。

2. 数学教学过程的要素分析

数学教学过程是由多种因素构成的一个复杂系统。主要因素是：教师、学生、教学目的、教学内容、教学方法、教学环境、教学评价。这七个要素关系着数学教学过程能否顺利开展，影响着数学教学的进程。

第一，组织学生。没有学生就没有组织数学教学活动的必要与可能。在数学教学中，学生既是教学的客体，又是学习的主体，是教学效果和教学质量的体现者。

第二，依据数学教学目标进行教学。数学教学目标从学校教育目的到数学课程教育目的，再到课堂教学目标形成了一个完整的体系。它决定着数学教学的方向及教学的质量，是评价教学效果的标准，最终落实到学生身上。

第三，凭数学教学内容去完成。数学教学内容是体现培养目标和实现培养目标的主要因素。它是师生活动的载体，是教师引导学生学习的客观依据和信息源泉，是教学过程中教师和学生、学生和学生发生相互作用的中介。

第四，通过数学教学方法进行教学。数学教学方法是连接沟通数学教学诸要素的桥梁和媒介。教学方法是教师将知识信息有效地传授给学生，实现教学目标、改善教学效果的重要因素。教师根据具体的数学教学内容、教学环境、学生的身心发展水平和认知水平灵活地选用教学方法。

第五，在教学环境下开展。任何数学教学活动都必须在一定的环境下进行。教学环境限制或促进教师的教育期望和实际做法的转变。尽管教师所持的数学观及教学观不尽相同，但同一个学校的教师往往开展类似的课堂教学。此环境包括有形和无形两种。有形的教学环境包括教室的设备和布置等，无形的教学环境包括师生之间、生生之间的人际关系等。课堂中存在领导与被领导、纪律与自由、竞争与合作、鼓励与惩罚等关系，这些都影响着数学教学活动。

第六，通过数学教学评价观察进展。它是检验数学教学效果和数学教学成果的重要因素，数学教学评价的目的是全面了解学生学习的过程和结果，激励学生学习和改进教师的教学。评价反映学生素质的变化状况，反映数学教学活动是否在不断进步。

第七，由教师进行组织。数学教师是"数学知识的源泉""伦理的化身""社会价值的代表"。此职业特点表明，数学教师是数学教学目标的执行者，数学知识的传播者，学生学习数学的合作者，数学教学过程的组织者、引导者和调控者。虽然无人指导，人们也可以进行学习，自学成才的数学家也很多，但这种自我进行的学习本质上不属于数学教学活动。

数学教学过程的各个要素相互依存、相互影响、相互制约，形成了完整的教学链条。数学教学过程的效率不仅取决于单个构成要素的水平，还取决于各种要素动态组合形成的"合力"的水平。在实际的数学教学活动中，数学教师必须善于把握各要素，处理各要素之间的关系。只有充分发挥各要素的作用，才能实现数学教学过程的优化。

第二节　高校教学方法及教学模式

一、教学方法

（一）数学教学方法的内涵

任何教学活动的开展，数学教师都要使用一定的教学方法。当教学内容和其他条件确定后，教学方法将是取得预期教学效果的决定性因素。如果教师对教学方法的相关理论有较明确的认识，并能合理地选择，将会直接影响数学课堂的教学质量。

对数学教学方法的本质理解，关键取决于对数学教学过程中师生地位、作用的认识理解。在近代和现代教育史上争论激烈的两派就是"教师中心论"和"学生中心论"。"教师中心论"以赫尔巴特等人为代表，他们把人的自然本性比作航行中的大船，认为对学生来说，教师的作用犹如舵手一般，学生的心智成长全仰仗于教师对教学形式、阶段、方法的刻意求工和定式指导。他断言，"学生对教师必须保持一种被动状态"，否定学生的主体地位，倡导"外塑论"。"学生中心论"则把学生的发展视为一种自然的过程，认为教师不能主宰这一过程，只是"自然仆人"。教师的作用只在于引导学生的学习兴趣，满足学生的个人需要，而不是直接干预学生的学习。例如，杜威主张教师在教学中只应充任"看守者"和"助手"，教师不应站在学生面前的讲台上，而应站在学生的背后。他较多地倡导"内生论"，贬低甚至否定教师的主导作用。

上述两派是在师生双方地位和作用上的两种极端观点，将教与学的关系看成一种直接的、简单的教育者与受教育者的关系。辩证唯物主义观点指出"内因是变化的根据，外因是变化的条件"。在教学活动中，教师是教育者，在教学中起主导作用；学生是教学的对象，是学习的主体，教和学两者是相互依存、相互作用的关系。

由上分析，我们认为，数学教学方法是在数学教学过程中，教师和学生为达到数学教学目标，完成数学教学任务而采取的教与学相互作用的活动方式的总称。它包括教师的工作方式、学生的学习活动方式及其相互作用而形成的统一体。

（二）数学教学方法的形成与发展

任何教学方法都是由教师、学生、知识及知识的载体这四个基本要素所组成。由于这四个基本要素的发展变化，必然形成千差万别的不同教学方法。了解当前我国数学教学方法的形成与发展过程，有助于更好地认识数学教学的改革与发展。

1. 数学教学方法形成途径

目前，我国数学教育界形成数学教学方法的途径主要有两种。一是改进传统的数学教学方法。通过反思传统数学教学方法的优缺点，通过实验改进形成了新的方法，优化了课堂上占用的时间和空间。同桌或邻桌的学生相互讨论，提出问题，表达意见，在相互学习中拓宽思路；"实践"不仅仅是模仿，而是学生在初步理解知识的基础上进行消化和巩固的实践。过去，新知识主要由教师"讲"，这种方法主要由学生自己"读""讨论"和"实践"。"说话"已经从过去的主导地位转变为从属地位。它主要针对学生的问题，教师负责开导、解决和总结。二是以国外有影响力的教学理论为指导，结合我国数学课堂教学实际，通过实验和改进形成。例如"单元整合教学法"：在布鲁纳学科结构教学理论的指导下，针对"数学知识的系统性和完整性与课堂教学的分散性"之间的矛盾，通过实验总结出利用单元知识结构进行整合教学的方法。

2. 数学教学方法的发展特点

数学教学方法的发展，受许多因素的影响。在一定社会发展条件下，数学教学方法除了继承以前的教学实践中行之有效的方法之外，还反映了当时的时代特征和倾向，并且向着有利于促进学生发展的方向不断改进。

（1）追求目标的综合性。我国古代社会里，读书的目的是通过"选仕"关口，有些教学方法也就只具有"呆读死记"的性质。自1919年，陶行知主张把"教授法"改为"教学法"以来，才开始把学的方法提到重要的位置上来。新中国成立以后，随着人们对数学教学价值的认识和数学教学理论的丰富与发展，教师们创造并形成了许多数学教学方法。综合起来，体现的共同的特点是不仅重视知识的传授、技能的训练，而且重视开发智力、发展能力，培养学生的创新意识和实践能力。

（2）追求情感的交互性。在数学课堂中除了知识信息的传递外，还存在着师生之间情感信息的交流。师生间的情感交流，一是围绕着学科产生的，表现为教师的教法是否能激发学生相应的情绪反应和心理需要；二是围绕着人际关系产生的，表现为师生间在教学活动中能否通过教学方法进行情绪性交往。心理学和脑科学的研究表明，情感是认知活动的动力系统，人的右脑半球的开发和利用依赖于轻松欢乐的情绪。有效的教学方法不仅重视学生的认知因素，而且注重学生非智力因素对数学教学的影响。

（3）追求方法的综合性。每一种教学方法都有自身的优势和不足，不同的内容也需要多种方法综合使用才能达到理想的教学效果。多种教学方法优势互补，发挥良好的综合效应即成为建构数学教学模式的必然追求。

（三）数学教学方法及其基本要素

理解和掌握数学教学中常用的教学方法的特点，有助于正确地选择和运用教学方法。由于数学教学是数学活动的教学，本书按照数学活动的外部形态及这种形态下学生认识活动的特点，将数学教学方法分成三类，即以教师呈现为主、以师生互动为主、以学生活动为主的三类方法，以下分别介绍其内涵及应用要求。

1. 以教师呈现为主的方法

（1）以教师呈现为主的教学方法是指通过教师向学生单向传递信息的教学方法，学生是一种接受性学习。教师在课堂教学中主要有语言、文字、声像、实物等四类呈现行为。其中，语言呈现是指口头语言行为；文字呈现是指通过板书、数学教材等书面文字向学生传递知识的行为；声像呈现是指通过计算机、录像等媒体向学生传递多种视听信息的行为；实物呈现是通过具体实物模型、教具向学生提供形象材料的行为。

此类方法的优点在于，能保证数学教师传授知识的系统性与连贯性，易于掌握课堂教学进度，能有力地启发学生积极思考，激发学习热情，充分利用时间。课堂教学的信息量大，不足在于：学生处于被动状态，不容易发挥学生的主动性、独立性、实践性和创造性。此类方法主要有讲授法、演示法等。下面以讲授法为例予以说明。

讲授法是教学史上最重要、最常用的教学方法。它是教师在对教材内容进行系统分析后，通过简洁生动的语言向学生传递知识的一种方法。学生主要通过观察、思考、倾听、记笔记等方式学习。从教学的角度来看它是一种教学方法，从学习的角度来看是一种接受性学习方法，不需要学生有相应的互动行为。教师掌握教学方法是非常重要的。在实际教学中，教学方法可以用讲述、解释、阅读和讲授等不同的形式来表达。

就学校教育而言，学生最根本的是掌握系统的知识。没有知识，一切都是空中楼阁。由于数学知识的特点，数学课堂教学法是一种有效的教学方法。教师可以通过精心设计使用启发式教学原则，使学生能够全身心投入学习活动中。

（2）以教师呈现为主的方法应用要求。以教师呈现为主表明教师就是主要的信息源，应用时一般要求：首先，科学地组织数学内容。教师要力求知识信息系统、准确，做到将知识与思想方法、智力与非智力因素相融合，要将教材静态的学术知识加工组织成既有逻辑意义又符合学生身心发展需要的教育知识。其次，充分发挥数学教学语言的艺术魅力。以教师呈现为主，表明学生处在被动的被支配地位，因此，要求教师必须语言简明扼要，针对性强、生动形象，富于启发性和感染力。教师还必须注意使用肢体语言，这是无声语言，它能支持、修饰教师的语言行为，更能帮助教师表达难以用语言行为表达的感情和态度。

2. 以师生互动为主的方法

数学教学是数学活动的教学，教师与学生都是这个"数学活动共同体"中的成员，因此，师生交往互动是共同体成员实践活动的一种形式。对多数学生来说，相对于读和写，听和说更有激发作用，易于引导学生参与教学。此类方法是由教师提出问题，按照问题的认知水平和具体情境，激发每个人的经验和思维活动。

（1）问答法。问答法是数学教学中最常用、最主要的互动交流方法。是指教师不直接讲解教材，而是通过教师提出问题，引导学生积极思考，学生回答教师的问题的教学方法。

问答法的优点一是提供思维线索。"问"可以提供思维的某种特定信息，诱使学生围绕"问"的内容展开思考，使学生始终处于紧张的学习状态之中，唤起和保持学生的注意力和兴趣。二是提供反馈机会。"答"可以促使学生回忆和巩固所学的知识，并将已有的知识现状反馈给教师，有助于教师修正和调整教学进程。三是有助于培养学生独立思考能力和数学语言的表达能力，开阔学生的思路。问答法的不足之处在于，学生思考需要时间，教师不易控制教学进程，一般低年级学生最适宜。因为他们年龄小，学习能力较差，有必要在教师启发下，通过师生共同对话来引导思考。相对来说，新课传授或巩固知识都可用这种方法。

使用此法进行教学时要注意，提出问题措辞精练、清晰、准确，重点部分要复述或写板书，以强化记忆，充分肯定学生在思考中的正确之处，当发现学生有某些不当或不足时，从思路上分析其缺点、错误，及时纠正或补充。

（2）讨论法。讨论法是师生之间的又一种互动方式。它是在教师组织引导下，学生以全班或小组为单位，围绕中心问题，通过讨论或辩论活动，进一步完善和深化对问题的理解、评价或判断的教学方法。

讨论法的优点一是全体学生都参加活动，师生、生生交流，可以培养学生人际交流能力和合作精神。二是互相启发，取长补短，可以激发学生的兴趣，提高学习情绪，加深对学习内容的理解。三是要求学生言必有理，可以培养学生批判性思维能力。其不足之处在于，易使课堂陷于松散，不易控制讨论的话题、讨论的结果，而且耗费时间。讨论法既是学习新知识、复习巩固旧知识的方法，也是提高学生认识水平的方法。由于运用此法，需要学生具备一定的认知基础、一定的理解能力及独立判断的能力，故多在高年级中采用。

使用此法进行教学时要首先注意问题要明确，要有"争议性"，能启迪学生思维和引发学生讨论的热情。教师把要讨论的问题写在黑板上，对问题做简要解释，明确讨论目的，使问题本身具有讨论的价值。为保证讨论顺利开展，教师要设计后续问题，将讨论进一步引向深入。另外，教师要进行适时调节。教师提出问题后，以听众的角色参与讨论，主要作用是调控活动，不能代替学生思维，使讨论形式化。例如，教师应关注学生讨论的逻辑线索，讨论是否切题；关注学生讨论的参与程度，化解争执的局面。

3. 以学生活动为主的方法

以学生活动为主的教学方法，是指教师组织和引导学生通过独立的演习和探究活动获得知识和解决问题的方法。此方法中，教师完成任务的方式既不像呈现行为时具有绝对的自主性，也不像师生互动时具有交流性，它是以组织和指导的方式辅助学生进行自主学习的数学方法。

此类方法的特点一是突出学生的独立性，培养和发展学生独立思考的能力，有助于培养学生的各种活动能力和创新能力。二是提供了宽松自由的学习环境。教师将自己由学习过程中显性的决策者、主角，转变为学习过程中隐性的参与者、配角，为学生提供有心理安全感的学习环境，以促进学生独立活动的展开。学生演习活动一般有练习法、读书指导法、实验法、游戏法等，探究活动主要包括发现法等。由于演习与探究两种活动的功能有所差别，下面以讨论练习法和发现法两种常用的方法来促进理解。

（1）练习法。练习法是在教师辅助下，学生通过独立练习成功完成课堂练习的教学方法，是一种训练性学习的方法。练习的类型一般有以下两种：口头练习，内容涉及数学概念、原理、方法等简要问题，特别是易混易错之处；书面练习，这是针对教材重点、难点、关键点等有计划进行的练习。

练习法的优点在于，它既是一种很好的巩固与应用数学知识的手段和途径，能帮助学生内化新知识，巩固旧知识，正确应用知识，提高对知识技能的掌握和熟练程度，也是教师获得学生反馈信息的方式。其不足之处在于，教师不易指导全班每个学生，练习题不可能适合所有同学，易造成一些学生要么认为练习没有挑战性，要么"跳"起来也够不着，会降低部分学生的学习积极性。此方法常用在教师讲解和示范之后。

运用练习法其一，要注意在独立练习前，使学生明确要求，帮助学生做好对相应的知识技能的理解和运用准备。如概念、命题的内涵，解题的步骤，论证的环节，作图的步骤等。其二，合理安排练习的题量、题型，练习的形式要多样，分量要适当，注意一般要求与个别指导恰当结合。其三，进行有效的、适时的指导和监控。教师要通过巡视、解疑等与学生接触的方式，了解学生是否专心、练习的进度、练习中存在的问题，但师生接触时间不宜过长，否则监控和指导其他同学的时间就会减少。其四，及时反馈练习的结果。练习完成后，要及时启发学生总结思想方法，或指出典型错误的原因。练习本身的对与错固然重要，但要注意培养学生自我检查、及时总结和纠正错误的习惯，逐步培养学生自我反省的意识。

（2）发现法。是指教师从学生好奇、好问、好动的心理特点出发，提出课题并提供一定的材料，引导学生运用分析、综合、抽象、概括等方法，获得概念和原理的教学方法。布鲁纳认为，学生要像一名数学家那样思考"数学"，像一名史学家那样思考"史学"，他认为教一门课程，不但要在学生大脑中建立一个小型图书馆，而且应该使他们成为知识的发现者，而不只是接受者。关于此方法的优点，布鲁纳提出四点：第一，提高智慧潜力；第二，使外在动机向内在动机转移；第三，学会发现探究方法；第四，在发现中获得的知识有助于记忆。

由于"发现法"的特点是将教学的重心由教师的教转向学生主动参加到知识形成的过程中去，变被动的接受式学习为主动的探究式学习，涉及课堂教学的所有环节，本质上应是一种教学模式。其基本要求在下一节"引导 — 发现"教学模式中将具体讨论。

二、教学模式

（一）数学教学模式的含义与功能

1. 数学教学模式的含义

目前，人们对教学模式概念的理解并不完全相同。然而，既然它是一个"模型"，那么在教学模型的研究过程中就应该有一个共同的语境、语义和相对明确的意义作为基础。一种普遍的观点是，这类教学形式指的是具体的教学实际活动中建立的教学理念，通过相对的教学模式来把握教学活动的功能，通过相应的结构框架来使教学模式、相关设计及框架进行内在要素的融合，体现出教学模式的灵活性。

教学模式，在具体的理论学习指导之下，通过实际课堂教学实践作为根基来表达出教学的观点，以实现特定的教学目标和内容，形成一个稳定、简明的教学结构理论框架及其具体、可操作的实践活动。它是教育思想、教学理论和学习理论的集中体现。

（1）数学教学模式的特点。随着数学教学改革的不断发展，教学模式的研究必然呈现出多样化趋势，一般来说都有五种共同的特点。第一，指向性，根据指向性的教学模式特点，其标准是达到评价的目标，也就是在一定的情况下达到最终教学目的的最高效模式，在教学的实施过程中，需要根据不同的教学特点以及教学内容进行灵活的转变；第二，操作性，通过操作具体的教学理论进行数学模式的应用，通过教师在课堂上的一系列授课行为，使得教学的内容更加具有条理性，教师在课堂中准确把握教学重点，能够更好进行知识的传达；第三，教学模式的完整性，在具体的教学课堂上，需要将数学理论结合实践操作进行统一化实施。这一过程需要有系统的结构以及完整的流程，才能够贯穿整个数学课堂，灵活有效地传达知识内容；第四，稳定性，通过具体的教学实践来体现出教学内容的概括，在一定的教育目的指导下，教学活动一般都带有具体的指向性，同时还需要保证教学模式的稳定性，结合相应的科目文化水平来进行规范；第五，灵活性，通过具体教学的实施，在不同的情况下，需要教师做出不同的反应，在保障教学内容及教学目标的基础之上，所运用到的学科知识必须能够让学生更有力地进行吸收，达到知识最大化的利用，以此来提高教学的效率。

（2）教学模式、教学策略和教学方法三者之间的联系与区别。教学模式是在一定的教学思想或教学理论指导下建立起来的较为稳定的教学活动结构框架和活动程序。教学策略是指在不同的教学条件下，为达到不同的教学结果所采用的方式、方法、媒介的总和。教学方法是教师和学生为了实现共同的教学目标，完成共同的教学任务，在教学过程中运用的方式和手段的总称。

2. 数学教学模式的功能

数学教学模式能以简化的形式表达一种教学思想或理论，便于为人们掌握和运用。具体来说，数学教学模式有以下三个方面的功能。

（1）中介功能。对于数学教学课程来说，中介的作用就是根据一定的理论模式进行课堂教学体系的使用，在传统教学过程中，教师只是通过自身已有的经验，随着课程的发展进行实践，并且在实践的过程中都是依托于自身的感觉进行教学，搭建起文字理论与课堂实践之间的联系。由于数学教学模式的最终目的就是实践，起到了一定的中介作用，对于教学活动进行加工、再创造也相当于数学教学中的一定操作理论。所涵盖的各类因素及其他知识点之间的稳定关系，内在逻辑依托于理论体系，具备了实践的意义，同时教学模式通过特定的符号以及图示进行表达。通过简化的方式形成了具象的图案，使得抽象的理论得到了进一步的形象概念对比，在实践过程中需要依托中介功能对教学的理论进行实践，依托于操作框架的合理运用。

（2）方法论意义。数学教育的发展历程中，重要的革新属于教学模式，在进行数学教学时，通过对于思维逻辑的改善进行数学思维方式的重建，能够使各部分之间的联系更加紧密，通过数学教学分析来尝试对教学环节的各个方面进行建构。在抽象的理解上增添教学活动更具特色的环节，通过对各部分关系的理解，综合实践数学教学的授课过程，通过动态性发展的方向去从整体上对教学过程进行探讨，表现出不同的教学形式，并且运用动态的观点去理解教学的整个过程，授课过程中不断加强自身的理解，使教学设计更加具有创新意义，研究的过程也起到了一个促进作用。

（3）推广优化功能。数学教学模式通常是对一些优秀的教学方法进行概括和规范，使其更加成熟和完善，并上升为一个具有较强实用性和独特性的有效理论体系。该教学模式构建的教学理论不仅简明扼要，而且具有可行性、典型性和有效性。它是一种综合各种数学教学理论和数学教学改革实验，对优秀数学教师的教学经验进行积累、加工和升华，并转化为一般理论的理论。它不局限于简单的教学方法或个人的教学经验，具有一定的理论形式，是一个相对稳定、全面的教学体系。

（二）数学教学模式的历史与趋势

1. 教学模式历史

数学教育的发展历程中，重要的革新就是教学模式。数学教学通过对于思维逻辑的改善进行数学思维方式的重建，能够将各部分之间的联系更加紧密。

通过数学教学分析来尝试对教学环节的各个方面进行建构，在抽象的理解上增添教学活动更具特色的环节，通过对各部分关系的理解，综合实践数学教学的授课过程，通过动态发展的方向去从整体上对教学过程进行探讨，表现出不同的教学形式，并且运用动态的观点去理解教学的整个过程，授课过程中不断加强自身的理解，使教学设计更加具有创新意义，研究的过程也起到了一个促进作用。这一时期的教学只是通过老师重复讲授学生机械接收而进行，慢慢随着时间的推移，到了 17 世纪，学校教育中引入了自然科学的教学方法，对于教师课本知识的传授有一定的改善，同时进行了授课制度的更改，也就是形成了班级授课制度，将学科教学法进行课堂引入，课堂教学中以记忆与理解为结构的教学模式逐渐形成。到了 19 世纪，赫尔巴特理论成了当时教育制度的新型模式，主要研究人们的心理活动，反观这一理论也能够看出当时教育发展的新趋势，在学生学习的整个过程中，自我心理的感觉与经验所结合。当二者之间发生了融合关系，学生才能够全面吸收知识，进一步完善了教师的任务：在课堂中选择正确的书面材料，并以规范的程序进行授课，形成学生对知识理解的深入吸收。这一理论形成了新型的教学模式，这些教学模式的产生都体现出了时代的变化，从这一理论出发，赫尔巴特提出了"明了 — 联合 — 系统 — 方法"的四阶段教学模式。

但是以上教学模式都有一个共同的弊端，就是学生在学习中的主体性被忽略了，只是一味地强调知识的灌输，而忽略了学生自身的个性，不同程度上对学生自我个性与心理的发展形成了阻碍，所以进入 20 世纪后，针对学生个性思想的发展进入了新的教学目标中。

杜威提出了以"儿童"为中心的"做中学"为基础的实用主义教学模式。这种教学模式打破了以往教学模式单一化的倾向，弥补了赫尔巴特教学模式的不足，强调学生的主体作用，强调活动教学，促进学生发现探索的技能，获得探究问题和解决问题的能力，开辟了现代教学模式的新路。

虽然实用主义的模式有诸多益处，但也存在着一定的缺点，在教学过程中，教师的指导作用处于较低的位置，教学研究与过程的地位相同，只是强调了经验在教学中的重要性，这不免有些片面，对于系统性的学习有一定的轻视，不利于教学质量的提升，这一实用主义的理论在 20 世纪 50 年代也逐渐出现了反对的声音，现如今，随着科学技术的不断发展，在教育领域，也在科技革命的层面出现了一定的变化。人们不断利用新的科技与技术，对于校园教育研究问题进行探讨，以现代的思维对于学生活动的机制进行重新认识（发现认知心理学对于个体认识的过程与选择的机会有一定的影响），同时教育模式的改革也出现了新型的难题，在这个阶段，教育出现了许多新型的思想与理论，产生了不同的教育模式。

2. 教学模式的发展趋势

（1）从单一教学模式向多样化教学模式发展。自赫尔巴特提出"四段论"教学模式以来，经过其学生的实践和发展逐渐以"传统教学模式"的名称成为 20世纪教学模式的主导。之后杜威打着反传统的旗号，提出了实用主义教学模式，一直在"传统"与"反传统"之间来回摆动。20 世纪 50 年代以后，由于新的教学思想层出不穷，再加上新的科学技术革命使教学产生了很大的变化，教学模式出现了"百花齐放、百家争鸣"的繁荣局面。

（2）由归纳型模式向演绎型教学模式发展。归纳型教学模式重视从经验中总结、归纳，它的起点是经验，形成思维的过程是归纳。演绎型教学模式指的是从一种科学理论假设出发，推演出一种教学模式，然后用严密的实验来验证其效用。它的起点是理论假设，形成思维的过程是演绎。归纳型教学模式来自教学实践的总结，不免有些不确定性，有些地方还不能自圆其说。而演绎型教学模式有一定的理论基础，能够自圆其说，有自己完备的体系。

（3）由以"教"为主向重"学"为主的教学模式发展。传统教学模式都是从教师如何去教这个角度来进行阐述，忽视了学生如何学这个问题。杜威的"反传统"教学模式，使人们认识到学生应当是学习的主体，由此开始了以"学"为主的教学模式的研究。现代教学模式的发展趋势是重视教学活动中学生的主体性，重视学生对教学的参与，根据教学的需要合理设计"教"与"学"的活动。

（4）教学模式的日益现代化。在当代教学模式的研究中，越来越重视引进现代科学技术的新理论、新成果。有些教学模式已经开始注意利用计算机等先进的科学技术的成果，教学条件的科学含量越来越高，充分利用可提供的教学条件设计教学模式。

（三）数学教学模式的构成要素

数学教学模式的结构是指发生在数学教学过程中构成教学的诸要素以及这些要素间的相互关系。这些要素在构成数学教学模式中具有不可或缺、不可替代的性质。一个成熟的教学模式应至少包括以下五个基本要素。

1. 理论基础

理论基础是教学模式要素的核心和灵魂。影响和制约数学教学模式的理论基础主要是哲学观和数学观、数学学习理论和教学理论。它们决定了教学模式的方向和独特性，并渗透到教学模式中的其他因素中，限制了它们之间的关系。基于不同的理论，形成的教学模式也不同。例如，基于认知发展的教学模式包括苏联卡罗夫的五环节课堂教学模式，美国奥苏贝尔的有意义学习教学模式；基于探究和发现的数学模型有美国布鲁纳的发现教学模型；基于技能训练和行为形成的教学模式包括斯金纳的程序教学模式、布鲁姆的大师学习教学模式；基于非理性主义的开放式教学模式有美国罗杰斯的非指导性教学模式等。

2. 教学目标

每一种教学模式都是针对某种特定的教学任务而设计、创立的。由于数学课堂教学目标是进行数学课堂教学活动的出发点和归宿，是构成教学模式的核心因素。因此，明确的教学目标可以克服教学活动中的盲目性和随意性。它制约了教学程序、实施条件等因素，也是评价教学模式是否科学合理的尺度和标准。

3. 操作程序

成熟的教学模式都有相对稳定的操作程序，这是形成教学模式的基本特征之一。教学模式是一个操作程序清晰的多环节有机结构，是一个有机衔接各环节教学方法的教学方法结构体系。每个环节都有相应的任务和目标。教学方法不是数学模型的子概念，而是教学模型结构中的基本要素。

4. 实施条件

任何一种教学模式都不是万能的，有的只能适用于某一类课型，有的适用于几种不同的课型。数学概念课、命题课、练习课、复习课等不同的课型所适用的教学模式是不尽相同的。即使是同一种教学模式，在具体实施过程中，于教学策略上也存在较大的差别。

5. 教学评价

教学评价作为建构教学模式的要素，关键是要看评价的目的。数学教学的目标不是以单一的学业成绩来评判，而是从知识与技能、过程与方法、情感态度等多维视角来全面评价学生的发展。评价目标决定了数学教学活动的有效特征，也决定了教学模式的合理性。

第三节 高校数学教育发展现状

一、高校数学教学现状分析

（一）教学内容陈旧

目前，部分高等院校的数学教材采用的基本是统一的数学教材，教材版本较为陈旧，教材内容相对落后。此外，由于高等院校数学课时有限，很多数学教师只是为完成任务而进行数学教学，很少会主动更新教学内容，导致教学内容陈旧。同时，高等院校教学内容更新速度跟不上实际生产活动，教学内容的相对滞后导致学生所学的知识与实际生产活动会产生一定程度的脱节，数学知识无法得到实际应用。这样不但无法提升学生学习数学的兴趣，不利于提升学生的专业素养，而且无法实现高等院校数学教学目标，也无法提升高等院校的整体教育水平。

（二）教学方式单一

一直以来，很多高校数学教师采用的都是讲授式的教学方法，在高校数学课堂中往往是一个专业甚至几个专业的学生在一个大教室上课，教师主要围绕课本内容进行连续性的讲述，一堂课下来，教师容易感到疲惫，学生也容易感觉课堂枯燥，这种"满堂灌"的教学方式难以发挥良好的教学效果，很多学生并不能理解和掌握所听到的数学知识。同时，这种传统讲授方式不利于学生的独立思考，学生只是被动地接受知识，不利于培养其灵活运用数学知识解决实际问题的能力。

二、高校数学教学策略

（一）整合教学内容

在高校数学教学中，教师可以通过整合教学内容，提高教学效率。教师可以根据学生的实际情况和课时安排情况，对数学教学内容进行灵活调整，改变"以教材为中心"的教学理念，同时改善原有的教学体系，打造学生更容易接受和理解的数学知识结构。例如，将一元函数定积分概念和多元函数曲线积分、二重积分、三重积分的概念进行联系整合；将二元函数的极限定义与一元函数的 $e\text{-}\delta$ 极限定义相整合。此外，在高校数学教学中，教师在讲述一些数学定理和概念的同时，还可以介绍相关数学文化知识。例如著名数学家的趣事或者数学历史背景等，从而激发学生对高校数学的探索欲望。同时，尽可能地将高等数学与经济学、理学、社会学等领域的实际问题联系起来，纳入一些与专业、生活相关的实例，以此形成更适合高等院校学生的教学内容。

（二）采用合适的教学方法

高校教师在进行数学教学时，要采用适当的教学方法，引导学生在学习数学的过程中学会举一反三，让学生引申出自己对数学的理解。学生只有真正把握数学的本质与思想，才能更好地将课堂所学知识应用于解决实际问题，进而提升自身的综合素养。通常，教师可以根据教学需要，选用多媒体教学法、小组合作教学法、分层教学法、案例教学法等方式教学。如讲极限的概念时，教师可以选用多媒体教学法，通过多媒体工具在图形上对极限过程进行动画演示，增强教学的直观性，激发学生的学习兴趣，提高教学效率。

（三）采用多媒体教学

虽然，很多大学教师已经开始应用多媒体开展教学活动，但是在高校数学教学中，一些教师只是利用 PPT（演示文稿软件）来简单展示一些数学知识和教学例题，并没有充分发挥多媒体教学的优势。为此，教师还要积极学习和掌握现代化的多媒体教学手段，提高高校数学教学质量。大学教师可以根据教学内容或者拓展的教学知识制作一些数学三维模型教学动态演示课件，提升课堂教学的活跃度，让学生能够更加直观地了解抽象的数学知识，同时根据学生专业的不同，收集和整理一些专业数学应用的案例图片或模型，进而激发学生学习数学的热情。同时，教师还可以利用 Matlab（商业教学）软件来指导学生解决数学问题。

（四）融入数学建模

数学建模思维有利于锻炼学生利用数学思维解决实际问题的能力，将数学建模的思想融入高数、概率统计、线性代数、微积分等课程中，能够让学生了解数学在解决实际问题中的应用价值，进而提升学生的创新意识和实践能力。在高校数学课堂中融入数学建模思想要遵循以下原则：实例要通俗易懂，多引入实际生活中容易遇到的、与现代技术和工程联系紧密的实例，更能激发学生的兴趣；根据不同专业的需求设立不同的教育形式，因材施教；将数学建模教育与教学研究相结合，让学生勇于实践，不断发现问题、解决问题；从易懂的问题入手，由浅入深，强调方法的重要性，加深重要概念、思想和方法的介绍，提升教学水平。

（五）改革考核办法

为增强学生解决实际问题的能力，高等院校必须改变传统的数学考核方法，不能用一张数学试卷决定学生的数学能力与素养，应以学生的专业素养为主，构建科学合理的数学学习质量考核方法。学生的总成绩应由平时成绩、综合应用能力与考试成绩三部分构成。平时成绩由学生平时的课堂表现与作业完成情况而定，平时成绩列入考核范围，能够改善学生的课堂表现。综合应用能力表现为数学实际应用能力，教师可以在期中与期末组织学生参与数学实践活动，根据学生的表现进行综合能力评价，这种考核方式不但能够全面评估学生的成绩，让考核更加人性化，而且可以激励学生注重综合能力的培养，鼓励学生从单纯的课本学习知识向学以致用的方式转变，进而提升高等院校学生的社会适应能力。

第三章

高校数学课堂教学设计

第一节　高校数学教学设计目标分析

一、数学教学设计的前期分析

（一）学生的特征分析

分析学生的目的是了解学生的学习准备状态、学习风格等方面的情况，为教学内容的选择和组织、教学目标的确定、教学过程的安排、教学模式的采用等提供科学依据，以便加强和提高数学教学设计的针对性、实效性。对学生的特征分析，是教学设计前期分析中的重要环节。

1. 一般特征分析

学生的一般特征指的是学生所拥有的与数学学科内容无直接联系，但影响其学习进程和效果的生理、心理和社会等方面的特点。

学生的一般特征分析涉及学生的年龄、性别、认知发展特征、心理发展水平、学习动机、生活经验及社会背景等诸多方面。其中，对学生认知发展特征的分析是很重要的一方面，它体现了学生已有的认知发展水平对新学习的适应性。在这里，我们将认知定义为知识的获得和使用，认知发展则主要是指主体获得知识和解决问题的能力随着时间推移而发生变化的过程和现象。学生的认知发展特征分析包括分析不同年龄阶段学生的一般认知发展及数学认知发展的特点，具体就是，发展的总体水平与一般特征、发展的条件与机制以及认知结构等。在这些方面，目前有相当多的研究结论可作为参考。

2. 学生起点水平的分析

学生起点水平是指学生在学习新知识时，他们原有的知识水平和心理发展的适应性。如果说教学目标是教育的目的地，那么，学生起点水平则是教学的出发点。学生起点水平的分析就是要确定教学的出发点，对于数学学习而言，学生起点水平包括学生学习新知识时已具备的知识基础、技能基础以及对数学内容的认识、态度，即学习数学的心向。

（1）学生知识基础的分析。奥苏伯尔认为，当学生把教学内容与自己的认知结构联系起来时，学习意义便发生了。因此，影响课堂教学中意义接受学习的最重要的因素是学生的认知结构。认知结构是指学生现有知识的数量、清晰度和组织方式，它是由学生眼下能回想出的概念、命题、理论等所构成的。因此，要促进新知识的学习，就要增强学生认知结构与新知识的有关联系。

（2）学生技能基础的分析。加涅和布里格斯等人提出的技能先决条件的分析方法，是对学生技能基础进行分析的常用方法。这种方法是从终点技能着手，逐步分析达到终点技能所需要的从属知识和技能，一层一层地分析回去，直到能够判断从属技能确实已被学生所掌握，教学设计者从而通过学生能否完成这些最简单的技能判断他们技能的起点水平。

（3）学习心向的分析。学习心向是指影响个体的行为选择的内部状态，往往表现为趋向与回避、喜爱与厌恶、接受与排斥等。一般认为，学习心向包括认知的、情感的和行为的三种成分。认知成分是指个体对学习内容所具有的带有评价意义的观念和信念。情感成分是指伴随认知成分而产生的情绪或情感，是学习心向的核心成分。行为成分是指个体对学习内容企图表现出来的行为意图，它构成学习心向的准备状态。这几种成分在一般情况下是协调一致的，可以分别考察，也可以同时考察。

3. 学习风格的分析

学生是带着自己的学习特点进入学习的，这些特点很重要的一个方面是学习风格。所谓的学习风格，是指学生在学习时所表现出的带有个性特征的、持续一贯的学习方式和学习倾向的综合。为了使教学符合学生的特点，需要进行学生学习风格的分析。为此，教师首先要了解学习风格的构成因素及这些问题如何分类。

感知或接受刺激所用的感官方面包括喜欢通过动态视觉刺激学习；喜欢通过听觉刺激学习；喜欢通过印刷材料学习；喜欢多种刺激同时作用的学习等类型。

感情的需求包括需要经常受到鼓励和安慰，能自动激发动机，能坚持不懈具有负责精神等类型。

社会性的需求包括喜欢与同龄同学一起学习，需要得到同龄同学经常性的赞许；喜欢向同龄同学学习等类型。

环境和情绪的需求包括喜欢安静或希望有背景声或音乐；喜欢弱光和低反差；喜欢一定的室温；喜欢学习时吃零食或四处走动；喜欢视觉上的隔离状态；喜欢在白天或晚上的某一特定时间学习；喜欢某类座椅等类型。

关于学生的学习风格，奥苏伯尔则认为，对教材学习有意义的认知风格中最为重要的因素是，学生倾向于成为概括者还是列举者，或倾向于两者兼有。概括者注重观念的整体方面，列举者注重其个别方面。

（二）教学内容的分析

教学内容分析可以为科学、准确地确定教学目标奠定坚实的基础。只有进行教学内容的分析，才能确定教学内容的范围，才能明确教师应该"教什么""学生应该学什么"的问题，才能解释教学内容各组成部分之间的关系，为教学活动安排奠定基础，才能促使学生达到教学目标所确定的标准。

1. 教学内容分析的意义

所谓教学内容，就是指为实现教学目标，由教育行政部门或培训机构有计划安排的，要求学生系统学习的知识、技能和行为经验的总和。教学内容是完成教学任务，实现教学目标的主要载体。对于教学内容的理解：一方面，教师内心所组织的内容及课堂中由于师生之间思维相互碰撞而产生的内容都是一种隐性的教学内容；另一方面，教学的载体已不仅仅局限于教材，教师在教学中对于教材应该进行再次加工，是一种再创造过程。具体步骤如下：首先，在课程标准的指导下，分析教材内容，从整体上把握课程基本结构，厘清教材中数学知识的体系，在此基础上，具体分析教学内容在单元、学期及学段教材中的地位、作用、意义与特点。其次，明确教材编写思路、知识结构特点以及相互关系。最后，确定数学学习的重点和难点，为建立教学目标奠定基础。值得注意的是，对教学中难点的分析并不只是停留在"是什么""怎么做"，还应分析"为什么"，为教学设计的展开扫清障碍。

数学教材是数学教学过程中协助学生达到课程目标的各种数学知识、信息、材料，是按照一定的课程目标，遵循相应的教学规律组织起来的数学知识理论体系。数学教材在数学教学过程中起很重要的作用。为了提高数学教学质量，数学教师应认真研究和分析、理解和掌握数学教材。只有在深刻理解数学教材的基础上，才能灵活地运用教材、组织教材和处理教材，才能深入浅出地上好每一节课，取得良好的教学效果。数学教材分析是数学教师教学工作的重要内容，也是数学教师进行教学研究的主要方法之一。数学教学内容分析能充分体现教师的教学能力和创新能力。因此，数学教学内容分析对于提高数学教学质量和促进数学教师专业发展都有十分重要的意义。

许多教师不重视教学内容的分析，缺乏对教材内容的深刻理解，不领会教材中有关内容在全书、全章中的地位，不能从整体和全局来把握数学教材，对数学教材的编写意图领会不深，对教学的目的和要求理解不透，导致课堂教学停留在一般水平上，没有深度，经不起推敲，有时甚至不能达到教学目标，在很大程度上影响了数学教学质量的提高。

2. 教学内容范围的分析

教学内容范围是指教学课题范围或知识领域，其范围越大，知识点越多，学生的学习行为也就越复杂。教学内容范围的分析主要包括两方面：一方面是教学内容的广度，即学生在现有水平上必须达到的知识、技能的广度；另一方面是教学内容的深度，即学生在现有水平上必须达到的知识深浅程度和能力质量水平。课程更多是从社会需要和课程标准的角度来分析教学内容的，而教学更多是从学生的需要和学习可能性的角度来看待教学内容的。其实，二者并行不悖，是相辅相成、互相促进的，不可偏废。

（1）教学内容的广度。教学内容的广度主要是指知识点的数量，就一节数学课而言，并非知识量越大越好。量大学生不容易消化、理解，学后忘前，不深不透，甚至前后干扰，这样，还不如少学、不学。另外，如果这些知识点之间缺乏非人为的实质性联系，学生不是进行有意义的数学学习，而只是机械记忆，这样的知识最多能应对一时的考试，却无法转变成能力，是惰性知识，不能应用到实际生活中。

（2）教学内容的深度。教学内容的深度是指内容的深浅程度，通常称为难度。衡量内容深浅程度的参照标准有两个：一是学生的知识基础与认知水平；二是数学知识结构之间的关系。一方面，现代教学设计要求为每一位学生设计适合他们各自水平的教学内容，提倡个别化教学。因此，数学课程标准希望实现"人人都能获得必需的数学""人人学有价值的数学""不同人在数学上获得不同的发展"。另一方面，从数学知识结构关系分析，教学内容的深浅度也有一个相对客观的标准，这个相对客观的标准可以参照徐利治先生提出的数学抽象度概念和抽象度分析法。所谓抽象度，就是"用以刻画一个概念的抽象层次"的，抽象度分析法是用来"描述一系列抽象过程难易程度"的一种方法。可见，在分析教学内容范围过程中，既要按照教学目标和课程内容来选择教学内容、确定范围，也要考虑学生的实际状况来挑选素材，甚至可以自编素材，依据学生起点水平和教学特征安排教学内容。

3. 教学内容的结构分析

教学内容的结构分析，就是对教学内容的层次进行分析和划分。对数学教学内容来说，层次结构主要有平行层次、递进层次以及二者的综合。

对于一个教学课题中的内容，也存在着这样的层次关系，相当于奥苏伯尔的下位教学、上位教学和并列教学。类似地，课题中的知识之间也有上下位关系和并列关系。

另外，教学内容的结构分析，不仅包括传统备课中对课题内容在教材中地位、作用的认识，更重要的是对教学内容纵横结构、内外联系以及知识结构和学生认知结构深入、细致地剖析，从而客观、全面地把握教学内容。对于数学内容结构的分析：一方面，取决于数学知识间内在的逻辑结构关系；另一方面，也取决于数学教师的知识水平、认识能力以及把握与分析数学教材的能力。

（三）学生兴趣薄弱的原因

一些刚进入大学课堂的学生对于大学课程安排方式适应过程较为缓慢，大学数学课时较少，但是理论知识较多，在课堂上不会像高中课程一样讲解细致，导致很多学生难以理解和接受，跟不上课程节奏，很多学生的学习兴趣也就大打折扣。同时，大学数学知识十分抽象，对于本专业和数学课程之间的联系认识不够全面，容易产生轻视和抵触大学数学课程的心理，在课堂教学中的学习积极性较低。课下，学生也很少花时间学习和运用所学数学知识，导致了大学数学教学效果的缺失。

（四）教学设计的可行性分析

教学设计的可行性分析包括以下三部分。

1. 分析资源和约束条件

对支持和阻碍开展教学设计的人、财、物进行全面评估，包括经费、时间限制、人员情况、设施、设备、现存文献、资料、组织机构、规章制度、管理方法、教学组织形式和政策法规等要素。

2. 设计课题认定

通过资源和约束条件的分析后，去掉那些条件不允许的问题项目，对留下的项目还要做出进一步的认定，即对是否值得设计做出判定以及确定教学设计的优先课题。

3. 阐明总教学目标

一旦设计课题确定了，就要给该课题起个名字，然后提供关于该项目要解决问题的总的陈述，即阐明总教学目标。若确定的课题是属于"系统"层次的设计，就应给出人才培养的总目标；属于"产品"层次，就应给出产品的使用目标；

属于"课堂"层次，则应根据相关学科课程标准给出课程教学目标。

二、数学教学目标的确定

通过对学生的分析，确定了教学的起点；通过对学习内容的分析，确定了学生应该掌握的知识、技能和态度等。接下来，应当设计教学目标了，即确定学生通过学习之后，应达到什么样的行为状态，并将学生最终达到的行为状态用具体的、明确的和能够操作的语言陈述出来，作为评价教与学的依据。

（一）课堂教学目标确立的依据

确立课堂教学目标必须从教学目的、学校教学目标、课程目标以及课程单元目标等整个目标系统考虑，使课堂教学目标的确立系统化、科学化和具体化。

1. 教学内容及其特点

教学内容及其特点，在课程单元乃至整个学科中的地位和作用以及与前后知识的联系等，是影响课堂教学目标设立的内在重要因素，它直接决定着课堂教学目标的水平层次。一般来说，对于与前后知识联系紧密、影响后续内容的学习和技能掌握，或在知识创新过程中具有重要意义的那些知识内容或方法，教学目标应有较高的要求，如灵活运用、综合应用、领悟等；对后续学习影响不大或一些繁、难、偏的内容要求应相应低一些，如了解、知道等。

2. 学生实际

课堂教学目标的设立必须考虑学校的教学目标、教学目的、课程目标、课程单元目标以及教学内容的特点，这使得课堂教学目标具有一定的客观性，从而使得不同教师对同一教学内容所制定的课堂教学目标具有共同的参照系，为评判课堂教学目标的"合目的性"提供一个客观的基础和标准。然而，课堂教学目标的达成是以行为主体的行为表现来衡量的。因此，作为行为主体的学生是设立课堂教学目标重要的、不可或缺的关键因素。传统的课程理论和教学理论，由于过分强调课程和教学的客观性要求，是一种"无人"的理论，已经受到时代的猛烈抨击。教学必须为学生发展服务，学生已有的知识经验、认知能力和习惯、生理、心理发展水平等是制定课堂教学目标的重要依据。

（二）教学目标确立的要求与方法

1. 教学目标确立的要求

由于课堂教学目标是教师进行课堂教学活动的指南，是教学目的等上位目标的具体体现和分解落实。因此，对课堂教学目标的设立有一定要求。

（1）目标的陈述要明确。当课堂教学目标确定以后，就要根据知识与技能、过程与方法、情感态度与价值观等目标领域不同维度和具体要求，运用概括、明确的语言准确地表述出来。目标的陈述，既要有刻画知识技能掌握程度的目标动词；又要有刻画数学教学活动水平的过程性目标动词；既要概括，又要具体；既要注意可测行为表现，又要隐喻心智、情感的变化，明确而不模糊，便于教学实施、操作。

（2）目标的设立应适当。所谓适当，就是目标的深度、广度要适中，既要落实课程目标等上位目标要求，又要照顾学生实际。太宽，则不能显示本节课教学的具体要求和特色；太窄，三个目标维度有所偏废，就会因其小失其大。过低，则达不到学科目标所规定的要求；过高，则脱离学生实际，反而完不成教学任务。

（3）目标要具有可操作性。由于课堂教学目标直接作用于课堂实际教学活动过程，因此，设立的目标一定要具有可操作性，能够对课堂教学内容的组织、教学方法的选用、教学环节的安排活动主体等都具有具体、明确的规范、导向和约束，做到具体而不空泛、明确而不啰唆、抽象概括而不模糊，能够直接指导课堂教学活动。

2. 教学目标确立的方法

（1）研习课程标准。目前，基础教育改革的各个学科的课程标准都已出台，它是教师开展学科教学活动的依据和准绳。对课程标准的学习和研究不是一次就能完成的事情，而应该是经常性的。

（2）了解学生。教师要深入了解教学对象的情况，了解他们已有的知识经验、能力、身心发展状况、学习风格和思维习惯等，使课堂教学目标的设立具有针对性、实践性、实效性。

（3）确立本节课的教学目标点。在明确课程目标的总体要求和学生实际情况的基础上，教师要反复钻研教材。研究本节课的教学内容，确定本节课的具体教学目标点，厘清各个目标点的内容范畴，如要分清是事实（公理）、原理、概念，还是方法、程序、公式，以便选用适当的行为动词和确定具体的行为条件等目标，既要全面，又要突出重点，分解难点。

（4）确定目标点的掌握程度。确立教学目标点以后，就要确立每个目标点的掌握程度。掌握程度必须符合学生实际，主要取决于课程目标和学生实际两个因素，对学有余力的学生的要求可以达到课程目标的较高要求，对学习有一定困难的学生的要求能够达到课程目标的最低下限即可。

（5）修改。教学活动中存在许多不可测因素，因此，课堂教学目标的编制也就不可能一蹴而就、完美无缺，需要在教学实践过程中不断地总结、修改和完善。

教学目标设计是教学设计的重要环节，关系到课程与教学的有效实施。当前，我们应当从数学新课程理念的角度正确认识教学目标的功能、内容、制定依据和要求。遵循课堂教学目标设立的程序，制定出真正符合和体现新课程理念的课堂教学目标，以有效地落实、推进数学课程教学改革，提高课堂教学质量。

第二节　数学课堂教学设计研究

数学课堂教学设计需要遵循一定的程序，以适合的教学素材为载体，开展教学活动设计。课堂教学设计是课堂教学活动的前提和基础，有道是"不打无准备之仗"，教学设计直接决定教学实施的效果。

一、课堂教学设计

数学课堂教学设计大致分为三个方面或层次：关于课堂教学总体考虑的

宏观设计、对具体教学内容或教学活动环节的微观设计和创设学习氛围的情境设计。

（一）课堂教学的宏观设计

在教学过程中，既发挥教师的主导作用，又尊重和强化学生的主体意识，运用合作交流，把教师的教学过程和学生的学习过程统一在师生共同的探索研究中，同时在培养学生"浓厚的学习兴趣，强烈的学习愿望和科学的学习方法"方面有所作为。

宏观设计的前提是吃透教材，用"数学方法论"这把"解剖刀"厘清教学内容的性质、特点和纵横联系，不仅事半功倍，而且自然、连贯、巧妙，给学生一种奇妙的艺术享受。

（二）课堂教学的微观设计

数学课堂教学的微观设计，也叫微型设计，即是对一个概念、命题、公式、法则或例题教学过程的设计，它是教学环节的具体化，是以具体实现课堂教学总体构想为任务，是实现宏观教学设计构想的载体。

按照数学方法论的观点，微观设计也是知识生长过程的设想，这是一个简化的、理想的（顺乎自然又有必要的歧路）探索、讨论、发现过程的安排（设想），像历史在戏剧中的重演。

在教学过程中，教师通过一系列教学措施，如指导学生制作模型、画图、计算、网上收集资料、运用图表整理资料、对资料进行观察、实验，提出问题，启迪思考、讨论，做出类比、联想、猜想、给出证明等，恰当安排教学活动，使学生动手、动口、动脑，打开通向大脑的六条通道（看、听、尝、触、思、做）中尽可能多的通道；开通全部六个智力中心（语言与逻辑、视觉、人际、音乐、内省、运动）中尽可能多的中心；参与知识的尽可能完整的生长过程（问题的提出过程，概念的建立过程，定理及其证明的探索发现过程，题目求解方案的制订、执行过程，对解答的检验、回顾、评价过程，对方法的归纳、综合整理过程等），使学生真正成为学习的主人。

数学作为人类活动的"痕迹"，它的实质，它的精神，它的曲折历史，往往凝聚在数学的对象、内容、方法和思想中。在做数学教学设计时，我们应当像考古学家一样，把冰冷的数学形式融化开来，用数学史、数学哲学和数学方法，作为"数学考古学"，寻找回来的世界，化开凝固的历史，从数学概念、命题、法则、公式、惯用手法、基本符号等，推知事件的经过，要动中求静，死中觅活，硬中找软，虚中见实，概括追索许多高明策略和艺术手法，这就是微观教学设计的辩证法。

（三）课堂教学的情境设计

课堂教学情境设计的目的：服务于宏观设计和微观设计，创设学术境界，渲染课堂气氛，调动学生的情趣和学习数学的积极性。

对于体现同样的学习任务（目的）的学习内容，不同的表述方式以及不同的背景素材选取，所产生的学习效果是不一样的。

1. 情境设计的主要任务

为了展现数学本身的魅力，吸引学生的注意力，使学生聚精会神地投入数学学习，发挥和增进学生的聪明才智，创设宽松和谐、探索追求学术气氛，就要精心进行情境设计。

2. 情境创设的一些原则

所谓情境就是能够激发学生情感体验的问题背景，其目的是创设矛盾冲突，激发学生兴趣，数学情境创设应遵循以下原则。

（1）现实性原则。数学情境的现实性原则一般表现在以下几点。

第一，现实的问题情境蕴含着大量数学学习的对象，"好"数学问题尽量采自学生熟悉的事物，且具有一定的开放性，对于我们的学生和他们现有的知识来说，是不能解决和解决不好的，因而需要进行探索，或呼唤着某一新的概念、法则公式、命题的导入或发现，由此暗示导入新知识的必要性和发现某些定理、公式、法则的必然性，因而要求通过学生所学的数学知识获得解决。

第二，现实的或数学自身的问题情境提供的亟待解决的问题，应设计好提法，即提法简明，富于趣味性、激励性、挑战性。如当前市场经济问题（如物价、储蓄、股票、投资等）、环保问题（如节水、节能、污水处理、绿化等）、网络、交通、教育、文化等现实情境的各方面，情境设计可利用"问题—解决"和数学建模研究等手段。

（2）情趣化原则。学习的最大动力莫过于兴趣，能引起学生良好的情感体验：轻松和谐，富于情趣；完全投入，积极探索；活而不乱，紧扣主题。因此，情境的趣味性也是问题情境创设的一个原则，包括以下几方面。

第一，设置悬念。如设疑激趣、打伏笔、求变求新等。

第二，趣化题材。如模拟实际过程，揭示重大背景，内容的神秘化、戏剧化，引进竞争机制等。

第三，在"导入"上下功夫，可平铺直叙，开门见山。

（3）数学化原则。数学教学情境创设应遵循数学化原则，也可以说是数学一致性原则。理想的情境创设的素材应力求做到学科性、现实性和趣味性的统一。设计出同时满足这样几个原则的问题情境是教学中一个永恒的追求目标。但要求每个问题情境都同时满足这样几个性质未必现实，在具体情境设计时，应认真分析各个情境的作用，并据此确定选材时的侧重点；从整个课堂教学实践来看，应该寻求几者之间的一个恰当的平衡。数学方法论是把握这种"平衡"的有效砝码。用数学方法论指导数学课堂教学设计，我们应当注意以下三点。

第一，因为我们实施的是数学教学，数学方法论作为数学教学设计的指导思想，在教学中是辅助的东西，只能在处理数学内容时渗透和使用，在课堂教学过程中不必全部把它们概括出来，毕竟数学教学不是数学思想的教学；但对于数学的基本思想方法，作为数学知识的一部分，也需要学生领悟、掌握和运用，应直接教给学生。

第二，数学方法论指导数学教学的本质在于按照数学知识的形成和发展规律进行教学。由于数学知识的形成过程延续时间长，充满了曲折反复，不可能原原本本地被搬到课堂上，但也不应当不顾这个过程，完全删除曲折弯拐，直出直入地搬用方法，获得结论。教学情境创设：一方面是通过具体的问题情境，引导学生联想和寻求数学学习对象，包括数学概念、法则、命题以及一些具体方法等，从而解决情境中的问题，进而展开某个具体数学课题的学习；另一方面是通过有激励性的或有趣的问题，激发学生的学习兴趣。

对于抽象的概念，教学中应尽力创设现实情境，让学生感受到数学知识来源于现实，因而情境创设应更为关注情境的现实性和广泛性，一些数学命题和法则的归纳，应注意既要符合学生的认知状况，又要具有一定的现实意义，对于这样的问题情境的创设就应更为关注情境的现实性和熟悉性，而不必过于关注情境的广泛性。可对比较单一的情境进行多方位的挖掘，从而获得归纳所需要的各种情形，为学生的归纳提供必要的基础。创设这样的问题情境，应更关注问题的挑战性、趣味性。这样的问题可以不要求学生能马上自行解决，甚至在教师指引下也难以一时解决，但是它可以成为指引学生的一个动机或方向，并通过一段时间的学习而最终获得解决，或未来才能解决。

第三，课堂教学设计的目的在于施用，而施用不是"照本宣科"——背教案、教教案。组织指导课堂活动讲究临场发挥，而临场发挥也不是不做课堂教学设计。

二、课堂教学的实施

课堂教学是通过教师与学生的相互作用实现的，是在教师、学生和知识构成的一个复杂性适应系统中，以数学为中介，通过师生、生生之间的信息交流、碰撞，从而促进学生获得数学知识、技能，提高自身素养的过程。在教学过程中影响教学的因素很多。教师的数学观、教学理念、教学活动的组织方式，在教学活动中学生主体性的发挥程度，教学内容的内在特征和教师对它的理解程度等，都是影响课堂教学实施的因素。数学课堂教学的实施，就是依据数学方法论指导数学教学的理论和原则，按照本课的教学设计，师生共同参与的一个教、学、研协调发展的过程。

（一）课堂教学特点

用数学方法论指导数学教学，本质上是数学的启发式教学，充分贯彻学生为主体、教师为主导的方针，不限于一种教学形式，也不固化于一种教学方法。这是由影响教学方法的因素所决定的，因为从教学过程中信息的传输方向来看，有接受与发送之分，当然，接受应是有意义的接受；从学习过程中学生自主性的发挥程度来看，有自主与他主之分，当然这里的自主是指学生个体自主，而非群体自主；从学习过程中学生之间的相互作用水平来看，有合作学习与独立学习之分，当然合作学习与独立学习并存。

在这样的课堂上，教师着重发掘数学自身的规律，用于启迪学生思维，发掘数学美的因素，运用问题使数学富于情趣，富于激励性，师生共同参与，所实施的每项教学措施、安排的每个教学环节，都是给学生创造一种思维情境和动脑、动手、动口的机会，让他们在简化的、理想的、顺乎自然又有必要的波折歧路的氛围中，亲历知识的获得过程。在课堂教学实施过程中，应洋溢着宽松和谐、探索进取的气氛，不同见解的争论质疑，多端信息的传输反馈，学生在"知识市场"上，汲取知识，交流见解，提高能力，增长才干。

（二）课堂教学一般程序

1. 课题导入

按教学设计和临场情况，简单自然地引导学生，进入学习情境。

2. 探索与课堂活动

本阶段是教师根据实际情况，遵循教学设计原则，进入课堂教学过程。教师可参与活动，但主要任务是主持和导向。在这个过程中，教师要坚持渗透和选择使用、操作以下几方面的数学方法要素。

（1）返璞归真。密切联系实际，提倡问题解决；培养数学意识，提高应用能力。由于数学是"量"及"量的关系"的科学，而"量"及"量的关系"是抽象的结果，抽象的思维总是遵循着人们认知的一般规律，因此要"返璞归真"——"去其外饰，还其本质"，就是按数学概念的产生、数学命题的形成和数学论证方法的发现、发明和创新等发展规律，主导或参与数学课堂活动，引导学生认识、模拟知识的"自然"生长过程。

（2）发现、发明。揭示创造过程，再造心智活动；诱发数学机智，培育创新能力。由于认识、模拟数学知识的生长过程，必然涉及数学创造活动中的心智过程，因此要以心理学理论为指导，以课堂活动的实际为依据，恰当"揭示"，准确"诱导"，使课堂活动自然有序地进行。

（3）数学家的优秀品质。介绍数学家的生平事迹，分析成败缘由；培养科学态度，增强竞技能力。由于数学的形成和发展过程是多名数学家在数学创造活动中所"走过的路"，所以，数学课堂活动必然涉及数学家的研究方法及其研究成果，对数学家成长规律进行一般性分析，用于激发学生学习数学、进行数学活动的情趣是很有意义的。

（4）合情推理。教学猜想、教学发现，提高合情推理能力，掌握科学思维方式。数学充分体现了数学思维的生动、机智和创造活力，在数学思维活动中应经常采用观察、实验、类比、联想、经验归纳和一般化、特殊化的合情推理方法。因此，合情推理方法应是学生在数学课堂活动中应当掌握，并能够自觉采用的方法。

（5）演绎推理。教学证明，教学反驳，提高逻辑推理能力和解决实际问题的能力。从数学的抽象性和形式化的基本特征来看，数学的发展与完善，数学体系的建立，数学的应用（的广泛），必然走向抽象分析法、公理化方法和数学模型方法等数学演绎推理方法。因此，数学教学活动，教师不仅要用以上方法去教，更要帮助引导学生有意识地运用这些方法去学习数学、研究数学，充分发挥以上方法在数学学习活动中的指导作用，并要通过数学活动，掌握并能自觉运用数学演绎方法。

（6）教学规则，教学策略，教学算法，教学应变，应用一般解题方法，提高综合应用能力。学数学就要学习解题，从而与解数学题、证明数学命题结下不解之缘。因此，在数学课堂活动中，要把广义的分析法、综合法、化归思想、"关系映射反演（MRI）原则"、波利亚一般解题方法等所反映出来的解题策略和解题程序，通过练习题教学活动，有意识地引导学生去使用和掌握，提高学生的解题能力。

3. 归纳与小结

根据情况，可由学生或教师，对课堂活动的内容，包括结论、方法、思想和遗留问题诸方面做出小结。方式有以下几个。

（1）归纳式小结。这是课堂小结的常用方法。这样的结尾，是将本节课所学习的内容加以归纳、总结，打破学生学习过程中知识形成的条条框框，明确本节课的重难点，起巩固、加深、强化的作用。这样能使学生对所学知识由零碎、分散变为集中，同时使学生的知识结构更加条理化和系统化。

（2）问题式小结。一堂课结束后，若要知道学生对本节课知识的掌握情况，可以设计系列问题，通过这些问题来诊视，同时深化学生对课堂知识的理解，启迪应用的方法和途径。

（3）悬念式小结。在教学中，对于前后有联系的内容或一堂课内不能解释清楚的知识点，可以设置一个"欲知后事如何，且听下回分解"的悬念来结尾，它能激发学生的求知欲望，并告诉学生这些问题将在下节课中得到解决，学生为了探根究底，可能会提前预习，为下节课奠定学习的基础。

（三）课堂教学实施的组织

有效的数学学习活动不能单纯依赖模仿与记忆，动手实践、自主探索与使用交流是学生学习数学的重要方式。数学课堂教学实施，不仅要有好的教学设计和老师的基本功，而且要合理组织学生参与进来。

1. 学生发展需要合作

教学的目标是要使每个学生都得到发展，学生整体得到最大发展，即实现教学效果的最大化。因此，要对班级进行重组，采用小组合作学习的形式。首先，可以使学生成为学习真正的主人。其次，可以改善传统的师生单向交流的方式，促进学生之间的多向互动交流，使每个学生都有表达自己观点和了解他人想法的机会。而同一年龄阶段的学生思维水平、认知能力等各方面都比较接近，因此教学中让他们通过有效的合作学习可以促进对问题的理解。最后，由于合作学习把个体间的差异当作一种教学资源，在教学中让学生进行合作也可以达到集思广益、取长补短、共同进步、协同发展的目的。特别是在当今社会，由于个人能力的限制，很多工作需要团队协作方能完成，因此合作学习对于培养学生的合作能力，增强学生的团队精神尤为重要。

"自主探索"与"合作交流"是两种不同的学习形式，自主探索是体现个人独立的一种单向静态的学习活动；而合作交流是提供课堂平等交流的机会，培养与人交流、协作的能力，因此它是一种体现团体协作的多向动态的学习活动。

2. 合作的有效性

合作学习是指学生在小组或团队中为了完成共同的任务，有明确的分工的互助性学习。因此，建立有效的小组就是实施合作学习的前提条件。

合作学习小组不能随意建立，首先要注重合理性。因为每个学生的知识基础、兴趣爱好、学习能力、心理素质都存在差异，这为合作学习提供了基础，也是建立合作小组必须考虑的因素。一般来说，合作小组的建立应遵循"组内异质，组间同质"的原则。"组内异质"可以增加合作小组成员的多样性，便于合作，"组间同质"有利于合作小组间的竞争。

其次，要注意建立比较稳定的小组，而且小组内每个成员都有分工，如谁组织、谁记录、谁承担小组发言人的角色，发言时其他成员做什么等。小组合作成员必须明白各自应承担的角色，明白各自为小组做什么，但角色最好不断轮换，使每个成员有机会担任不同角色，明白各个角色应承担的责任和义务，以此增强合作者的合作意识和责任感，同时也让每个同学的能力得到多方面的发展。小组合作学习中各成员应形成一个利益共同体，为共同的利益共同努力，最终达到共同进步。

3. 合作小组的组织

（1）把握合作的时机。数学学习本质上是个人独立实施的，独立思考，独立完成作业等。因此，合作一定要在个人独立思考、充分准备的基础上实施，因为每个人都有资本、都做贡献，才能谈得上合作。合作学习源于教学需要，合作学习次数也应视需要而定。合作的问题应具有一定的价值、存在一定的难度，且经合作可以在一定的"时空"内完成。

（2）教学生如何合作。在合作学习中学生必然要相互交流，否则仅是形合而"神"不合。然而，合作有技巧，教师要引导。

（3）注意过程性评价。要实现有效的小组合作学习，必须建立一种合理的小组合作学习评价机制。评价时要把学习过程评价与学习结果评价相结合，将小组成员评价与小组集体评价相结合，在此基础上，侧重过程评价和小组集体评价。把过程评价与结果评价结合起来，就可以使学生更关注合作学习的过程，使他们认识到对他们最有意义的是合作的过程，最重要的是从合作学习的过程中认识合作学习的方式、合作学习的精神。同时，将小组集体评价与小组成员个人评价相结合，并侧重小组集体评价。这样就会使小组成员认识到小组是一个学习的共同体，在小组评价时也要对小组个人有一个合理评价，如个人对合作学习的参与度、积极性、独创性，通过树立一个这样的组内榜样，激发小组内的竞争，以此来调动其他成员的积极性，以免让学生形成依赖思想。

第三节　高校数学课堂教学质量提升

总体来说，在教学过程中，教师必须把学生作为课程开展的核心，并且要让学生在自己的指导下积极参与课堂活动。要让学生在探究、质疑的同时，发现并运用教科书里面的数学知识，以便更有效地完成教学任务。同时在课堂上可以采用多样的教学方法，如线上与线下结合的讨论法和教师精讲知识点的方法，帮助学生更好地理解并运用所掌握的知识。

一、注重培养学生课前预习和课后复习的习惯

（一）当前高校数学教学的现状

当前，高校数学教学一直存在着诸多挑战，如教学任务繁重、教学总课时数不足、学生感受到课程进度过快，而这些问题又是教师无法改变的，出现教师在前面领跑、学生在后面紧追的现象，导致许多学生感受到学习压力过大，甚至有些学生因为不努力而中途掉队，即使有些学生跟上了学习进度也会觉得一路走来非常艰辛，许多知识还没被清晰地理解。

（二）提高任课教师对课前预习和课后复习的重视

为了更好地协助学生理解知识点，培养他们独立阅读和理解信息的能力，

教师应该精心策划和组织课堂，以便有助于他们更加清晰明了、更加主动、更加深入地探究知识，更加全面、系统地理解知识点，有足够的时间完成任务。学习乐趣是非常重要的，但是如果学生没能享受到快乐，就可能将大部分的教学压力都堆积在课堂中，这样就无法充分地理解知识点，同时还可能增加教学的困难。因此，教师需要采取措施，比如向学生展示多媒体课件，有助于学生更快地理解知识点，以便更快地顺利完成教学工作。这样，教学就可以更轻松愉快地进行，同时还可以减轻教学的压力，使教学更加轻松愉快。另外，及时安排课后复习是非常重要的，因为它有助于更全面、准确理解课程内容，还会给出适当的练习题来协助学生加深印象。为了避免课堂上所学内容被忽略，教师应该认真对待课后复习，特别是对于完成作业进行详细指导。通过认真执行，并且保证持之以恒，能够帮助学生建立起良好的学习自信。

二、注重作业讲评工作

（一）作业的详批、全改及讲评是提高教学质量的重要手段

教师能通过提出问题、审阅作业的方式来发现学生学习方面的不足。教师需要及时仔细地审查作业，并从中发现其中的错误、优点及不同之处，并进行适当的点评。教师定期进行讲评，并向学生传递有关信息，帮助他们弥补自己的缺陷，避免再次犯同样的错误。那么，怎样让作业的讲评工作更加完善？首先，应该认真审查每份作业，并且要做到详改、全改，及时纠正错误，避免影响接下来的课程。其次，应该及时讲评所布置的作业，进一步指导学生的学习，使他们的思路更加明确。应该尽量减少将这个环节置于每一节课的开头，以及课堂之外，以确保问题能够及早被发现，并且能够及早被解决，以便更好地推动教学的发展。

（二）提高学生的学习质量，鼓励学生之间开展作业讲评

此外，教师应采用合适的教学方式进行指导，帮助学生更好地完成作业。可将所有课程安排成队列式，并且让几位学生定期参与讲评工作。通过这种方

式，不仅可以帮助学生更好地掌握知识，而且可以更好地监控他们是否按计划完成任务。此外，还可以通过互相讨论、互相帮助、互相解答，帮助他们更好地完成任务。另外在长期的教育实践中发现，只要学生坚定地进行讨论式的学习活动，期末考试的分数就一定会得到显著的改善。

三、注重习题课在教学中独特的作用

（一）通过习题课去拓展学生学习的深度和广度

习题课旨在将传统的课堂教学、实践操作以及课外自主学习紧密相连，以框架的形式将重要的概念、技巧、方法等整合到一起，并且给出适当的示范性答案，以帮助学生掌握基础概念，加强他们的思维，拓展他们的视野，从而获得较好的掌握效果。拓宽学生的思维范围，使其更有信心，更有动力追求进步。只有不断地深入理解所掌握的知识，并结合实践经验，不断地熟悉解决问题的方法，才能真正掌握所需的技术，并将其应用于实际工作中，以达成最佳效果。为了提高学生的技能水平，我们需要给他们充分的时间进行习题训练。通过反复的训练，我们可以让学生的知识更加牢固，并且可以帮助他们更好地理解所学内容。因此，成功的教师需要认真考虑如何将训练与学生的学习相结合。

（二）以学生为习题课的主体，培养学生的创新思维能力

对于大学的授课形式、讲课进度、讲课方式，大一新生往往不适应，最突出的表现是学生感觉作业和课后习题做起来比较困难。解决这个问题的有效途径除了通过精选有代表性的例题融入理论的讲解和讲评作业中之外，还可以充分利用习题课这个大舞台，使学生掌握各种基本运算方法和技巧。上习题课时，要不断地启发学生，不断拓展学生的思维，锻炼学生不拘泥一个答案，不断地寻求新的题解，鼓励学生大胆创新，并尝试一题多解、开阔思路，对一些典型题安排学生讨论，可以各持己见，培养学生的发散思维能力、吃苦耐劳的精神和坚韧不拔的性格，这种方式做到了以生为本，调动了学生主动学习的积极性，让学生学得主动、学得活泼是教师永远遵守的一个教学原则。

教师需要认真负责，精心挑选适当的练习题来帮助学生掌握知识，同时需要与教材保持高度联系，激励他们探究新知识，帮助他们更好地理解所面临的挑战。教师尽量选择一些解题方法多、应用性强的综合练习题，让学生从不同角度寻求解决问题的步骤和方法，不断培养学生的思维能力。教师还应该持续努力帮助学生发展他们的创造性思考，让他们从实践中获益。

（三）合理选择例题，提升学生解决问题的能力

尽管抽象的概念、定理可能会让人感到困惑，但通过实际案例可以帮助学生更快更好地掌握知识。所以，教师应该根据不同情况，将案例划分成两类：一类是可供学生更好理解、更直观的，可能会更轻松掌握、更实际；另一类则可能会更复杂，需要更多细节来帮助他们更好地掌握。为了让学生掌握基本的数学概念，并且增强他们解决实践中的问题的能力，需要挑选出那些既易懂又具备较强计算技巧的、难度较低的的例题。因此，恰当地挑选出与课程内容相符的例题，将会极大地反映出教师的教学水平。

习题课更应该注重激发学生们的学术思维，启发自主思考。宏观地说，就是培育个体性以发挥其自主性，启发其创造性、责任心，锻炼其运用数学思维解决现实世界问题之能力。习题课应更加留给学生宽广的发挥余地和时光，使学生思辨能力得到充分的成长空间。

四、线上线下融合教学

（一）运用网络教学手段

伴随网络的快速普及，QQ群、微信群等社交媒体的出现，使得教与学之间的交流变得便捷，也使得课堂气氛变得活跃起来。学生的疑惑得到及时的回复，教师的回复也变得及时有效，课堂气氛变得活跃起来，从而极大地推进了教学的效率，也激励了教育改革的进步。作为教育工作者，应该积极运用我们的课堂资源，帮助学生更有效地完成课业。我们还应该及时发现并解决课堂上出现的各种问题，从而建立起良好的课堂氛围。

现阶段，许多在线教育平台得到了发展，将在线与传统的课堂方式相结合，为课堂带来全新的活力。在这些平台上，人们不仅能够进行语音交流，还能进行视频对话，甚至还能进行在线直播。教师和学生之间能够进行语音和视频交流来提高交流效率。教师还能够展现自己的技能，比如制定有趣的游戏和策略，并且能够为所有的学生带来有趣的体验。此外，教师还能够利用这个平台为更多的学生群体带来更多的功能，比如进行有个性的游戏和活动，让他们能够更好地理解和掌握知识。教师还能够根据每个学生群体的表现来决定是否要提供更多的帮助和支持，并且能够为每个学生群体提供个体化的评价和建议。由于使用互联网，教师不仅能够采用随机抽样的方式向学生发起询问，还能够收集和整理课程内容，并且能够利用实时的视频和语音来更好地了解学习情况。此外，还能够利用互联网为学生提供更多的课后服务，如答疑、练习和考核。

（二）提高教师网络教学能力

企业微信号、腾讯课堂、腾讯会议、QQ 视频电话、超星学习通、雨课堂、钉钉等各具特点的教学平台的利用，迫使授课教师学习新知识、接受新事物、增加新知识，另外也能够增强授课教师自身授课实践化开展能力，使得授课教师授课更具张力，进而为学生学以致用起到正向推动的功效。所以，即使有线下教学，教师对于网络授课工具、授课方法等也不能放弃，应该充分利用其自身优势和特色，力争每一章内容末尾的时候安排一次网络在线教学，以补偿线下授课课时不足的遗憾。

此外，还应加强学生考前线上、线下的辅导工作。无论是什么样的教学方式，最终教与学的效果必须通过考试来检验，而考前辅导至关重要。考前辅导要系统总结所学知识，既全面复习，又抓住重点，既巩固基础，又突出应用。辅导时，教师应有意识、有目的地将一些能深刻反映知识水平、突出重点的典型题型呈现在学生面前，并利用课堂练习、网络教学等手段，让学生更好地掌握知识脉络，达到一体化教学的目的。为了更好地实现这一教学目标，教师应充分利用课后课外辅导的教学环节，抓住机会组织学生，使他们的复习更加有序有效。同时，也应避免坐在教研室里为学生解答问题，影响学生复习的系统性和积极性。

五、加强高校数学教学与思政融合教学成效

（一）高校数学教学融入思政内容的意义

近些年，由于招生规模的迅速增加，生源大幅缩减，使得学生的整体素养大幅下滑。其中最明显的是，许多学生的数学知识薄弱，缺乏良好的学习态度，以及自私自利的心态，无法将其学习、实践和服务于社会发展，导致上课时迟到、早退、旷课、玩电脑等情况日益增多，而且还存在大量的作业抄袭和缺乏团队精神的情况，从而对学生的发展造成极大的负面影响。通过将思政理念纳入高校数学的教学，可以显著改善学生的思维发展，使其具备更好的道德修养，从而更好地实现振兴中华民族的宏愿。因此，教师应该肩负起传授知识的重任，同时也要培养学生的道德观念，使其具备良好的心理素养，从而使其具备更好的发展潜力，实现国家的发展目标。

作为社会的未来，大学生肩负着建设中国未来的使命，他们的世界观、人生观和价值观正处于一个极其重要的转折点，为了培养优秀的人才，把数学教学纳入思想道德教育中，显得尤为迫切。通过将思想政治教育纳入数学课堂，能够激发学生的热情，帮助他们构建健康的人生观和价值观，端正他们勤奋好学的态度，让他们意识到高校数学的重大意义，并且有意愿去探索和实践。

（二）课程思政融入高校数学教学的方法与途径

作为大学的重要组成部分，高校数学的教学必须充分考虑到培养学生的素质和创新精神，并将其作为培养学生社会责任感的重点。因此，必须努力将其纳入各种社会活动和实践项目之中，让它们和思想政治课程保持有机的联系。教师应该承担起推动课堂思想的责任，将这种理念融入日常工作。教师要勇于承担思想政治教育重任，把思想政治教育融入整个教学过程，努力实现知识传授、能力发展、素质教育并行。思想政治课程不仅是当代环境的需要，也是培养德智体美劳全面发展的社会主义事业建设者和接班人的需要。数学思政课可以帮助大学生树立正确的数学观，强化数学精神和数学思维。数学精神不仅指数学的理性精神，更重要的是数学科学家致力于科学事业的科学精神和不断进步的创新精神。

数学教师必须在教学过程中深入挖掘科学精神、创新精神的素材，并将这些通过数学思政课传递给学生。数学是一门有着悠久历史的学科，它是数学家通过不断探索和研究形成的文化、智慧和知识。高校数学教师可以讲解数学故事，及时将数学史融入教学过程，介绍数学家的名闻轶事和重大数学事件，鼓励大学生勤奋学习，积极主动，勇于探索奥秘、科学知识，培养创新意识。让学生学习学者们追求卓越、敢于探索的进取精神，激励学生克服困难、努力拼搏、攀登高峰、立志成才。尤其是当学生遇到挫折时，用数学家的拼搏精神鼓励他们，给予他们信心和勇气，培养他们的乐观精神和抗挫折能力，遇到困难不退缩，陷入低谷不沮丧，不畏艰难险阻，勇于创新。

以立德树人的理念为核心，将其融入高校数学的整体教学之中，以此来引导学生的潜力，从而达成教书育人的根本宗旨。此外，这还为高校数学教学的发展注入了新的活力，让其具有更加丰富的内容和深刻的意义。为了达到教书育人的最终目的，教师需要将理念与知识结合起来，以便让每个学生都拥有良好的心理健康。当今的教育已经超越了传授知识的层次，它应该注重培养学生的创造性、探索性以及对未来的信心，以便让学生在智慧、情感、能力等方面都得到充分的提升，从而为建设美好的未来做出贡献。

第四章

高校数学教学模式建构

第一节　数学教学模式

大学数学课涉及的教学内容比较抽象，而且概念和定理较多，对学生的逻辑分析能力、想象力的要求较高。传统的高校数学教学模式主要是以教师为主体的理论灌输式教学，不利于学生对高等数学知识的吸收与消化。因此长期以来，部分高校的数学教学都面临着师生互动较少、课堂氛围不佳、教学效果较差等问题，亟待通过教学改革，提出新的教学模式，进而提高教师的数学教学水平。

一、对数学教学模式的认识

数学教学模式通常是将一些优秀数学教师的教学方法加以概括、规范，上升为理论，并在实践中成熟完善，转化为一种教学常规。数学教学模式受社会文化的影响反映出以下特点。

文化性——数学教学模式带有社会文化的烙印，师道尊严的时代，讲授式教学模式盛行；改革开放时期，倡导引导发现式教学模式；到了信息技术时代，又提倡信息技术与数学教学整合的教学模式。

糅合性——数学教学模式不是孤立的，不同的教学模式在实践中往往糅合在一起使用，糅合的效果强于单一的效果。

主观性——数学教师倾向于哪一种教学模式，与教师的观念、行为、习惯、知识水平、信息技术技能水平有关。坚持学科价值的教师多倾向于讲授式教学模式，崇尚人文价值的教师多倾向于引导发现式教学模式，现代技术水平较高的教师在教学中使用现代技术辅助教学的频率自然就比较高。

客观性——数学教学模式的倾向也来自教学条件和学生因素，与学生的知识基础、学生的班级规模、学校的条件以及学生的文化背景等因素有关。

随着教育改革的深入，构建和谐社会的倡导，数学教学不再追求统一化、程序化，数学教学方式越来越灵活，现代技术方法逐步渗入，因而要正确认识数学教学模式的倾向性。

（一）相对性

数学教学模式的相对性是指一种教学方式的采纳与否是相对于所要达成的教学目标而言的。比如，是学习新知识还是复习巩固旧知识；学习内容是抽象的概念、定理还是具体的计算、绘图；是做普通练习题还是解决实际问题。针对不同的目标，选择的教学方式可以不同。一种教学方式的有效范围是有限的，没有适用于所有学习活动的数学教学方式，万能的教学模式是不存在的，单一的教学方式不能适应学习的复杂性，不能反映数学教学的本质规律，难以在教学实践中贯彻执行数学教学的基本原则。单从教学效果上看，各种教学方式也并无优劣之分，比如，讲授式与引导发现式的教学效果主要取决于教师的教法设计或教学过程的组织。就引导发现式教学来说，如果为了引导学生发现而将过程组织得"滴水不漏"，就像老师牵着学生的鼻子走，或者过程中设计问题过多过细，学生抓不住要点，产生不了什么发现，那么，这种引导发现式教学就是无意义的，不如设计成重点突出、简明扼要的讲授式教学，又比如，如果为了一味追求现代技术的作用，在课堂上大量使用设计精美的课件，这样就会掩盖数学思维的过程，学生看得多，想得少，教学效果还会适得其反，现代教学的发展趋势表明，教学越来越趋向于多样化，学生越来越适应多样化，绝对化和机械化的倾向也就应当尽量避免。

（二）局限性

数学教学模式的局限性是指任何一种教学模式的功能都不能体现于所有学

习现象上。每一种教学模式的形成都来自课程的驱动，与课程目标、课程内容、课程评价等方面的要求密切相关。比如在数学课程标准引导下的课程改革提出了学习数学知识、体验过程掌握方法、培养数学情感与价值观的三项数学课程目标，这就迫使讲授式教学模式必须有所发展，但也绝不能被废弃。当前比较提倡的引导发现式教学模式很适合数学课程标准的理念，这类形式的教学方法无论是在促进学习知识、发展心理品质，还是在培养学生对未来生活、工作的适应能力上都十分有价值。但是，从教学内容上看，并不是所有内容都适合用引导发现法进行教学。有些内容（或方法）的原创性发现十分艰难，不乏偶然因素，再现这类过程既困难又无必要，但可以通过学生对知识的经验验证去体现"发现"。比如，无理数的发现是数学史上的一大震撼之事，当时的很多数学家对无理数都持排斥态度。要学生发现无理数的思维要求就过高，但可以让学生通过计算满足 $a^2 = 2$ 中的 a，用计算器逐步逼近答案，发现无限不循环的小数的确存在。还有一些内容（或方法）的原创性发现，其过程未必艰难，但常产生于某些天才数学家的灵感，这类过程同样很难暴露，如费马和帕斯卡的随机数学问题。如果硬要弄清这类内容的思维过程，必然非常困难。发现式学习有成功也有局限，而当屡次发现遭遇失败的时候，就会破坏学生的情绪，损伤学生的自尊，严重的还会导致学生厌学，失掉对学习的兴趣和信心。又比如，现代技术辅助教学模式虽然符合潮流，但对教学的内容应当有所选择，屏幕上的变化与显示适合于直觉思维而未必适合于培养逻辑思维，中小学教师的经验表明，过多使用多媒体课件上课，学生的学习成绩将受到影响。

（三）互补性

每一种教学模式中的教法都存在与其他教学模式中的教法互补结合的可能性和现实性，这种可能性和现实性决定于数学学习的各种要求，学生在学习抽象数学的过程中需要得到教师的帮助，此时教师的认真分析与讲解很有必要。同时，教师还有责任引导学生发现和掌握数学思想方法，引导发现式教学也不可少。当然，学生解决实际问题的能力又离不开对数学活动的体验，包括信息技术的应用。实际教学过程中只有适时地综合使用各种教学方法，才能完成不同的教学要求，达到相应的教学目标。

每一种教学模式都有其独特的性能、适合的对象和条件，选择教学方式要考虑适配性，根据具体内容进行取舍、综合。从教育理论上说，有意义地接受学习与探究的发现学习都具有一定的合理成分。

现代数学教育的理念，正是希望追求两种教育模式的整合。从大量数学教学改革实践的经验中，数学教育工作者悟出一个道理，即以中国文化为底蕴，重新整合上述两种教学取向。平衡数学教育作为现代数学教育的特征之一，其实践基础也在于此。

从国际数学教育来看，教学方法的改进也是沿着综合性的方向进展。下面是第三次国际数学与科学研究小组对美国、英国日常数学教学（八年级）方式的调查结果：在美国，教师演讲式的讲课占 20% 的授课时间，其次是教师指导下的学生练习（18%）和学生的独立练习（17%），家庭作业的复习也占到 15% 的教学时间，有 12% 的时间用于重新教授或澄清某些内容及过程，11% 的时间进行考试或测验，6% 的时间用于班级管理，另有 4% 的时间用于处理其他事务。有半数以上的数学课会包含合作形式的学习，高年级这种学习形式的频率更高。计算器在数学课堂上的使用频率很高，而使用计算机的频率却不高。在英国，18% 的时间用于演讲式授课，1% 的时间用于澄清或是重新教授某些概念或过程，24% 的时间让学生进行独立练习，8% 的时间用于测试和评定工作，6% 的时间用于对家庭作业的讲评，3% 的时间用于课堂管理，其余 3% 的时间用于其他。与美国一样，英国数学课堂上计算器的使用频率较高。近年来，日本的数学教育特别重视"课题学习"，基本数学形式是：创设问题情境，激发学生兴趣；在教师组织下，学生讨论；各小组发表结果，并说明思考方法；全班共同讨论各小组的结果；教师归纳总结；推广结果或激发学生向类似问题挑战。

二、传统高校数学教学模式存在的问题

（一）师生互动较少，教学内容固化

1. 盲目地重视理论灌输

从当前的高校数学教学模式来看，尽管高校处在教学改革不断深入的大背

景下，但是大多数高校仍然采用比较传统的教学模式，这就导致很多抽象的定理、公式被"僵硬"地传授给学生。很多时候，一节课下来，学生几乎无法掌握在课堂上所学的内容，而且讲解复杂的定理和公式占用的课堂时间较长，教师与学生之间的问答互动较少，师生之间缺少交流。

2. 固定不变的教学内容

对一般的高校数学教师来说，其教学的重点是高等数学基础理论，对高等数学在生活中的实际运用、与相关学科之间的关联等教学内容的重视程度不够，这就导致基础知识教学在课堂教学中的占比较大，实践应用类课程占比较少。而对部分学生而言，学习数学课程是为了拿到学分和应付数学考试，这种思想显然不利于培养学生的数学应用能力。

（二）教学方法及教学内容缺乏创新性

目前，部分高校引入了一些现代化的教学方法，例如 PPT 课件展示教学、微课教学等。但许多高校运用这些教学方法后，并没有取得良好的教学效果，部分高校仍然没有完全摆脱以教师为主的教学模式。

教学内容过于陈旧，缺乏创新。大多数高校使用的数学课本和数学教学大纲都比较固定，这就导致教学过程比较生硬死板，不能针对学生的特点进行差异化教学，甚至导致部分学生对学习数学失去兴趣。

三、高校数学教学模式的创新建议

（一）积极转变传统的教学模式

所谓"以学生为中心"就是将课堂还给学生，强调和注重学生在课堂教学中的主观能动性，如通过一些教学互动，让学生主动参与到课堂探讨中，或者通过一些启发式的教学手段，引导学生思考，培养学生的逻辑思维能力等。转变传统的教学模式，可以采取以下措施。

1. 运用"学案式"教学模式

具体来说，学案式教学模式包括"导入—展示—自主学习—交流—问题引导—习题训练—测试—分层作业"八个环节。在学案式教学模式中，学生在整个课堂教学过程中的地位非常重要，从自主学习到生生之间的相互交流，都是以学生为中心的。这种教学模式有利于提高学生的自主学习意识。该模式中的问题引导、习题训练及测试等环节，则是教师针对集中存在的问题对学生进行教学引导的环节，也体现了教师对学生的重视。最后的环节是分层作业，该环节体现了"因材施教"的教学原则，为不同层级的学生设计不同的课后作业，能够促使不同学习成绩的学生共同进步。

2. 高校数学课程教学设计创新

高校数学教材中的定理和公式较多，而且内容的逻辑性较强，学生不容易理解。例如，《高等数学》作为各大高校的必修课之一，课时安排比较紧张，知识结构过于紧凑。一堂课下来，许多学生根本不明白这堂课到底讲了什么，学了什么。这就需要教师尽快地改变传统的教学设计思路，重新安排教学内容，这样才能够更好地提高课堂教学效率。具体来说：一要结合学生的兴趣和对知识的接受程度调整教学内容，引入微课、慕课等教学形式，了解学生对教学内容的掌握情况，进而在课堂教学中进行有针对性的讲解。同时通过课后习题反馈、测试评估，发现学生普遍存在的问题，巩固学生的基础理论知识。二要合理引入讨论式教学模式。传统的高校数学课堂过于枯燥，缺乏有效的课堂互动，这就需要教师运用一些可以活跃课堂氛围的教学方法，如讨论式教学，让学生自由探讨，将学到的理论知识运用到实际的课题讨论中，并对讨论结果进行分析。

总之，学案式教学模式、讨论式教学模式以及微课等，能够弥补传统的单一的理论教学模式的不足，保证学生在课堂中的主体地位，同时在有效的课堂互动的氛围下，更好地提高教学效率。

（二）引入"以学生为中心"的教学法

在高校各学科都在进行教学改革的背景下，高校数学教学方法呈现出多样化的特点。而具体到"以学生为中心"的教学方法，则主要有分层教学和合作学习两种。对这两种方法的引入，具体建议如下。

1. 采用分层教学法

所谓分层教学，就是根据学生的个体差异进行分层次教学，也可以说是因材施教。通常来说，学生学习数学知识的能力存在较大的差异，这就需要教师采用分层教学的方法，针对不同学习层次的学生设置差异化的教学方案。需要注意的是，在运用分层教学法教学时，应该强调课下辅助教学工具的运用，如网络教学互动平台、"两微"平台等。针对教学内容设置不同层次的课后作业，让学生可以针对自身的学习水平自主选择课后作业，这样既能够达到分层教学的目的，也可以使不同层次的学生跟上教学进度。

2. 注重课堂教学中的合作教学法

"以学生为中心"的教学主张，不仅要求师生之间能够进行有效的互动，同时还要求学生之间能够充分交流。具体到课堂上，即教师在进行课程讲解的过程中，可以对学生进行分组，然后让各小组以组为单位对某一课题进行讨论，讨论时间控制在十分钟左右，然后总结讨论结果。这种教学方法不但可以促进学生之间的交流，而且也有利于学生掌握更多的解题思路，有利于培养学生的逻辑思维能力。这种小组合作的教学方法还可以延伸到课后训练中，如对一些有深度的课题，小组成员可以在课下进行简单的探讨，并在下一节课上进行小组集中探讨与总结。这样教师就能够在课上、课下全面地调动学生的学习积极性。

3. 课前引入问题，提倡使用启发式教学法

在课程教学开始之前，教师可以引入一些生活现象、科学知识，由此提出问题，让学生带着问题学习，这样有利于学生在课堂上集中注意力。使用这种启发式教学方法时，教师需要在教学中把握"设置疑问—寻找线索—答案解析"三个环节，这样才能够让学生由点及面地掌握课堂教学内容，帮助学生打开解题思路。需要注意的是，教师应该将启发式教学与合作式教学、学案式教学相结合，灵活地运用，这样才能够充分发挥这些教学方法的作用，获得最佳的教学效果。

只有充分调动和激发学生在数学课程教学中的主观能动性，培养学生的自学能力，引导学生将理论知识与数学实际应用相结合，感受生活中的数学魅力，

才能让传统的数学课堂"活"起来，实现有效的课堂教学互动，进而实现高校数学课程教学改革的目标。

第二节　基本数学教学模式

教学实践是数学教学模式理论生成的逻辑起点。数学教学模式作为教学模式在学科教学中的具体存在形式，是在一定的数学教育思想指导下，以实践为基础形成的。数学教学模式受社会文化的影响，表现为一定的倾向性。数学教学模式通常是将一些优秀数学教师的教学方法加以概括、规范，上升为理论，并在实践中成熟完善，转化为一种教学常规。

一、讲授式教学模式

这种教学模式的基本特征是师生关系与"讲解—接受"相对应，所体现的教学方法通常表现为：教师对教材内容做系统、重点的讲述与分析，学生集中倾听。这种教学法主动权在教师，是教师运用智慧，通过语言和非语言，动用情感、意志、性格和气质等个性心理品质向学生传授数学知识的一种历史悠久的方法，一直是我国数学教学的主要方法。讲授的成效极大地依赖于讲授水平，高水平的讲授突出三个方面：一是充实概念内涵，扩大外延，使概念具体化、明晰化；二是充分考虑学生的思维水平，运用恰当的举例、比喻，借助学生已有的知识、经验，深入浅出地阐述问题；三是讲授思维方法，通过提出问题、分析问题、解决问题，挖掘数学知识的思想方法。

讲授式教学模式的教学过程基本如下：讲授式教学模式的特点是可使学生比较迅速有效地在一定时间内掌握较多的信息，比较突出体现了教学作为一种简约的认识过程的特性，所以，这种模式在教学实践中长期盛行不衰。但由于在这种模式中，学生客观地处于接受教师所提供信息的地位，所以不利于主动性的发挥。然而，接受学习不一定都是机械被动的，关键在于教师传授的内容是否具有潜在意义的语言材料来支持；教师能否激发学生的学习积极性，并引导他们从原有的知识结构中提取相关联的旧知识，接纳新知识；教师能否选择恰当的巩固知识发展能力的练习。

传统的讲授式教学方法，尽管在某些情况下仍然具有一定的价值，但其本质上是一种单向的教学活动。在这种模式下，讲授者扮演着主导角色，而学生则往往处于被动接受知识的状态。这种单向传递知识的方式，容易导致教学陷入灌输的误区，使学生缺乏主动思考和参与的机会。因此，讲授式教学存在一定的局限性。

随着教育理念的不断进步和发展，人们对教学方法的认识也在逐步深化。现代教育越来越强调学生的主体地位和主动参与，倡导更加互动和多元化的教学模式。在这种背景下，传统的讲授式教学模式也在不断地进行改良和创新。

目前，讲授式教学已经逐渐从传统的实在性讲授，转向更为松散和灵活的讲授方式。这种新的教学模式强调在讲授过程中渗透学生的自主活动，鼓励学生积极参与课堂讨论、提问和思考。通过这种方式，教师不再是唯一的知识传递者，而是成为引导者和促进者，帮助学生在学习过程中发挥更大的主动性。

这种改良后的讲授式教学模式，旨在打破传统的单向灌输模式，使学生能够在课堂上更加积极地参与知识的探索和建构过程中。通过这种方式，学生不仅能够更好地理解和掌握知识，还能够培养批判性思维、创新能力和解决问题的能力。最终，这种改良的讲授式教学模式能够达到最佳的讲授效果，使学生在学习过程中获得更加全面和深入的发展。

二、引导发现式教学模式

引导发现式教学模式大致起源于 20 世纪 70 年代末。引导发现式教学模式是指学生在教师的指导下，通过阅读、观察、实验、思考、讨论等方式，发现问题，总结规律，共享知识的发现。这种教学模式的显著特点是注重知识的发生、发展过程，让学生自己发现问题，主动获取知识，所以有利于体现学生的主体地位和掌握解决问题的方法。

引导发现式教学模式的教学过程基本如下：

引导发现式教学一般适用于新概念或知识的讲授，教师在一些重要的定义、定律、公式、法则等新知识的教学中，为学生创造发现知识的机会和条件，让学生经历探索知识的过程，在这一过程中得到思维能力的锻炼。引导发现式教学也可用于课外教学活动，学生根据自己已有的知识经验去探索和发现现实中的数学问题。引导发现式教学的主要目标是学习发现问题的方法，培养、提高创造性思维能力，主要过程包括：

（1）教师精心设计问题情境。

（2）学生基于对问题的分析，提出假设。

（3）在教师的引导下，学生对问题进行论证，形成确切概念。

（4）学生通过实例来证明或辨认所获得的概念。

（5）教师引导学生分析思维过程，形成新的认知结构。

采用引导发现式教学法，教师应当对学生在发现过程中的成果进行客观的评价。这种方法旨在让学生完全独立地发现知识，但这种要求可能有些过高。毕竟，课本上每一个概念、定理、定律的产生，大都经历了漫长的历史过程，涉及无数科学家和学者的智慧和努力。引导发现式教学的核心目的是改变传统的接受式学习方式，引导学生积极参与到知识形成的过程中，通过自己的思考和探索，与他人分享知识的发现和创造。

在解决数学问题或实际问题时，教师应当鼓励学生独立地使用数学方法发现、解决问题。这意味着学生需要具备自主思考和解决问题的能力，而不是仅仅依赖于教师的指导或课本的现成答案。通过这种方式，学生不仅能够更好地理解和掌握知识，还能够培养他们的创新思维和解决问题的能力。因此，引导发现式教学法在实际应用中需要灵活运用，既要注重学生的独立发现能力，又要注重教师的引导和评价，以达到最佳的教学效果。

三、活动式教学模式

活动式教学是学生在教师指导下，通过实验、操作、游戏等活动，以主体的实际体验，借助感官和肢体理解数学知识的一种数学教学模式。小学阶段开展活动式教学的时间较早，而在中学阶段，活动式教学到了20世纪90年代才开始，新世纪初新课改以来才较为普遍地流行开来。活动没有形式和规模之分，可以是现实材料活动，也可以是电脑模拟活动；可以是小组活动，也可以是班级活动；活动可以在课内进行，也可以在课外进行。

教学活动是教师根据一定的教学目标组织学生开展的，学生在活动中领悟数学知识，经过思维分析，形成数学概念或理解数学定律。活动式教学模式的过程基本如下：电脑操作、测量、数数、称重、画图、处理数据、比较、分类等。设计优异的实验既能提高学生学习兴趣，又能从直观上帮助学生理解概念，掌握概念实质。如借助电脑软件，能够发现数学的很多相关概念；借助直尺、圆规等工具，能够发现平面几何中的有关定理；借助计算器，能够做近似计算、画模拟曲线等；经过实际活动（掷币、抽牌等），可建立频率或概率的概念等。为了达到设定活动教学目标，活动要有周密部署，教师要事前充分准备，有时教师还要事先试验，必要时修改活动方案，确保活动达到预期目的。

活动式教学模式符合数学发生及数学学习的规律，亦对培养学生的数学兴趣有益，作为主流教学方式的补充方式是十分合适的。采用活动式教学应当紧密围绕教学目标，以发展数学概念为目的。数学活动中应引导学生对自己的判断与活动甚至语言表达进行思考并加以证实，有意识地了解活动中体现的数学实质。这样的活动 —— 以反思为核心 —— 才能使学生真正深入数学建构之中，也才能真正抓住数学思维的实质。

活动式教学模式特别适合于较低学段的学生，或者在教授某些较为抽象的数学概念和定律时采用。这是因为低年级的学生在数学抽象思维方面的能力相对较弱，他们需要借助一些直观和形象的辅助手段来理解和掌握那些抽象的数学概念。即使对于较高学段的学生，某些抽象的数学概念或定律的理解和掌握也需要借助于一定形式的活动来实现。然而，活动式教学模式也有其局限性，比如它通常需要花费更多的时间和精力，而且容易导致学生过于专注于活动本身的形式和过程，从而忽略了活动所蕴含的数学内容和实质。因此，在实际教学过程中，教师应谨慎使用活动式教学模式，避免学生过度依赖，以确保教学效果和学生对数学知识的深入理解。

四、现代技术教学模式

利用计算机软件或多媒体技术制作课件、辅助数学教学的方法称为现代技术辅助法。随着信息化时代的到来，信息产品的普及，越来越多的数学教师在教学中使用现代技术教学手段。数学课程标准要求教师要恰当地使用信息技术，改善学生的学习方式，引导学生借助信息技术学习数学内容，探索研究一些有意义、有价值的数学问题。

利用现代技术将数学现实化、直观化、效能化（减少烦冗的计算或操作），能够提高学生学习数学的兴趣，有助于改善数学教学。计算机的教学功能主要是演示和实验，演示的作用在于把抽象的数学概念具体化、动态化，帮助学生理解数学概念。而数学实验的作用在于让学生利用计算机及软件的数值功能和图形功能展示基本概念和结论，去体验发现、总结和应用数学规律的过程，以及根据具体的问题和任务，让学生尝试通过自己动手和观察实验结果去发现和总结其中的规律。

第三节 数学高效课堂教学模式

一、数学高效课堂概述

（一）高效课堂的含义

高效课堂是高效型课或高教性课堂的简称，顾名思义是指教育教学效率或效果能够有相当高的目标达成的课堂，具体而言是指在有效课堂的基础上，完成教学任务和达成教学目标的效率较高、效果较好并且取得教育教学的较高影响力和社会效益的课堂。

高效课堂的问题、研究及论述颇多。但有个基本的描述：以尽可能少的时间、精力和物力投入，取得尽可能好的教学效果。尽可能好的教学效果主要表现在两个方面：一是效率的最大化，也就是在单位时间内学生的知识受益量，主要表现在课堂容量，课内外学业负担等。二是效益的最优化，也就是学生受教育教学影响的积极程度，主要表现在兴趣培养、习惯养成、学习能力、思维能力与品质等诸多方面。

只有效率的最大化或只有效益的最优化的课堂，都不是真正意义上的"高效课堂"。只有二者和谐统一，"高效课堂"才能形成。简言之，"高效课堂"至少在教学时间、教学任务量、教学效果等三个要素方面有突破，概括为：轻负担，低消耗，全维度，高质量。

高效课堂是以最少的教学和学习投入而获得最大学习效益的课堂，基本特征是"自主建构，互动激发，高效生成，愉悦共享"。衡量课堂高效程度，一看学生知识掌握、能力增长和情感、态度、价值观的变化程度；二看教学效果是通过怎样的投入获得的，是否实现了少教多学；三看师生是否经历了一段双向激发的愉悦交往过程。

（二）高效课堂的要素

课堂教学效率至少包含以下三个要素，即：教学时间、教学任务量、教学效果。可以从三个层面进行定义分析：

（1）教师层面，教学效率是指在单位教学时间内，在达到预期教学效果的前提下所完成的教学任务量。

（2）学生层面，教学效率 = 教学对所有学生的一切影响的总和 / 学生所用的时间总和。这里强调"所有学生"，旨在倡导关注学生参与学习活动的人数，即全体性。一切影响 = 学生学到的有用知识 + 学生形成的有用能力 + 学生养成的良好非智力因素 + 负面的影响。

（3）时间层面，课堂教学效率 – 有效教学时间 / 实际教学时间 ×100%。

所以，高效课堂源于有效课堂，基于有效课堂，有效课堂的教学效率就有高有低、有正有负。教学的成果是"人的发展"而非工业产品，教学效率的量化或许永远是一种奢望。提出"教学效率"的概念，不是为了计算，只是为教学实践和教学评价提供比较正确的导向，理想的方向。当时间被利用到极致时，教学必然从有效走向高效。

（三）构建高效课堂的意义

1. 使传统课堂焕发了勃勃生机

传统课堂教学的基本模式是"灌输—接受"，学生处于被动状态；高效课堂采用新理念，课堂上学生自主学习、合作探究、踊跃发言，谈感想、谈收获。新理念让学生在"做中学""想中学""议中学""演中学"。这就突出了"以学生为中心"，学生真正成了课堂的主人，在交流中实现了"生生互动，师生互动"，使学生处于主动状态，教师在课堂上关注的是每一位学生，关注的是学生的一切，教师只是课堂的组织者、引导者，学生学习的合作者。高效课堂切实提高了学生的知识水平，培养了学生能力。

2. 促进了学生的发展，增强了学生的自信

"做中学"提高了学生的写作能力、表演能力、合作能力；"想中学"增强了学生的思维能力；"议中学"提高了学生的语言表达能力和应答能力，"演中学"锻炼了学生的胆量，培养了学生的表演能力。这些能力的提高是潜移默化的。

二、高效课堂的建构

（一）备课求"实"，预设、生成、相辅相成

作为一名教师，在备课前要吃透教材，力求备课准确到位，做好课堂教学预设。因此，必须明确编者意图，明确每节课所学的知识点、知识块在整个单元、整册教材、整个学段所处的地位、作用，每节课的重点、难点、关键点都做到心中有数。当然，教材是专家编写的供学生学习的材料，内容单一、片面，所以教师不能完全依赖教材，照本宣科，可以将相关的课外材料引入课堂，使现有

的课本与课外的材料相互补充，使我们的课堂更加有血有肉，更加形象生动，从而激发学生的学习兴趣，拓宽学生的知识面。同时，教材并不是一成不变的，有时为了更好地实施教学，我们需要科学重组教学内容，大胆地改造教材，让教材"为我所用，为生所用"。

课堂教学需要预设，但也不是按部就班，连开场白、过渡语、结束语都预设好，甚至将语气、手势、表情都事先设计好，这不是教学而是演戏。同时，过度强调现场生成教学，可能是脚踩西瓜皮——滑到哪里就到哪里。预设与生成应该是相辅相成，互为作用，通过预设去促进生成，通过生成去完成预设的目标。有效的预设应促进课堂上的有效生成，并且有教学梯度，而不是盲目的、随意的，它应促进课堂教学向纵深发展。过去把生成看成一种意外的收获，现在则把生成当成一种价值追求，当成平时课堂生命活力的常态要求。预设是为了更好的生成，一堂充满生成活力的课必须创设有效乃至高效的预设。

（二）课堂求"活"，形式、方法把握有度

只有确保课堂教学高效，才能带来教学质量的高效。这就要求在"活"字上做文章。

1. 灵活的教学方法

教师要根据教学内容、教学目的、教学对象，确定不同的教学方法。一法为主，多法配合，灵活地运用各种手段，最大限度地发挥课堂上每一分钟的作用。

具体方式有：根据教学目标选择教学方法；依据学生特征选择教学方法；根据学科的特点选择教学方法；依据教师的特点选择教学方法；依据时间标准选择教学方法。

2. 活跃的教学状态

只要学生的思维保持在活跃状态，积极地探索知识并试图将刚刚获得的知识转化为能力，这就是一节高效、成功的课。教师要积极倡导自主合作探究的学习方式，把课堂还给学生，将大量的时间留给学生学和练，学习目标由学生确定，过程让学生参与，问题让学生提出，内容让学生总结，方法让学生归纳。教

师应成为学生学习能力的培养者和促进者，做学生学习的组织者、引导者、合作者。

3. 科学的学法指导

古话说："授人以鱼，仅供一饭之需，授人以渔，则终身受用无穷。"教师要注重学习方法的指导，帮助学生掌握科学的认知方法。善于为学生创设提问的问题情境，鼓励学生敢于提出疑问，引导学生产生疑问，进而发现问题，给学生留有质疑的时间和空间，使学生可以随时质疑，会质疑本身就是思维的发展、能力的提高。通过质疑使学生获得有益的思维训练，变"学会"为"会学"。

三、构建数学高效课堂对教师能力的要求

（一）高超的课堂导学能力

高效课堂中的教师更为关注的是学生在课堂上做了些什么、说了些什么、想了些什么、学会些什么和感受到什么等。教师给予学生充分自主学习、探究的机会，学生在课堂上获得了充分的发展。板书也许是学生来写，总结也许是学生来做，但这依然是一堂好课，一堂学生"学"得好的课。

（二）准确的教材把握能力

高效课堂强调学生自主学习。自主实践必定会引发学生形形色色的问题，这就需要教师储备丰富的相关学科领域的知识，不能局限于教材范围的知识，教师要学会"用教材"而不是"教教材"。

（三）随机应变的课堂环节把控能力

无法满足学生的自主学习和参与，热闹又是课堂纪律的大敌，这样则为失败的课程。如何能让学习在"热闹"中"有序"地进行，取决于教师课堂管理能力。

教师应具备环节的设计能力，不能完全按固定的设计环节进行，要富有弹性，以便随学生的表现来灵活调整，这取决于教师的随堂应变能力。

第五章

高校数学教学模式创新策略

第一节　基于微信平台的大学数学辅助教学模式设计

一、问题背景

据中国互联网络信息中心（China Internet Network Information Center，CNNIC）发布的第 44 次《中国互联网络发展状况统计报告》，截至 2019 年 6 月，我国网民规模达 8.54 亿人，较 2018 年年底增长 2 598 万人，互联网普及率达 61.2%；在线教育用户规模达 2.32 亿人，较 2018 年年底增长 3 122 万人，占网民整体的 27.2%。其中，手机通信网民规模不断扩大，手机使用效率也呈现逐年递增的趋势。

如此快的增长速度，社会各个领域发生全方位变革和发展，也为教育界的发展和创新带来新的技术和教学方式的多样化：将 20 世纪的传统课堂授课的单一模式，逐渐与高科技手段带来的在线教育、移动学习等方式融合，形成教育方式的多重并用模式。

在高校的教学活动中，微信平台被应用于各个学科，已有诸多先例的应用研究。刘博瑞和韩天红对所授课程的微信平台进行了设计，提出基于微信的小组合作学习策略；赵俏提出以微信为平台的翻转课堂教学设计，并结合具体课程内容进行了详细阐述；张明讨论微信、QQ 在"高等数学"课程教学中的辅助作用；闫铂和牛吉锋基于材料力学探讨微信平台的实际作用及其优势；许艳婷针对"高校英语"课程的实际教学，说明微信平台对课堂教学的积极促进作用；由于微信平台实现对计算机编程接口的支持，基于此，习军开发基于微信平台二次开发的移动多终端应用系统；吕秀敏和贾婷婷探讨高校数学微信教学辅助平台开发的必要性，并分享大学数学微信教学辅助平台的搭建及其成效。

由此可见，在提高教学效果和课堂效率方面，现代化教学手段和方式的加入，起着积极的配合和促进的作用，移动学习设备的引入和网络化课程的新型方式带来多样化的学习模式，在一定程度上促进学生对知识的掌握，而上述探讨大多数基于理论上的分析，甚至只是一种设计过程，基于实践的微信公众号平台辅助教学及其实践过程鲜见探讨。基于此，结合课题组所设计的"高等数学课外辅导"公众号，从大学数学教学的特点出发，探讨教学的设计与实践，丰富和发展现代教学理念，拓展教学手段和方式，提升课堂教学效率，更进一步促进教和学的融合。

二、高校数学教学的特点

数学几乎是每一所高校学生必修的公共课程，是工科院校最重要的基础课，其教学具有以下特点：①内容多。大学数学的每一门课程一般是若干小课堂合班上课，因为课时有限，而且教学内容比较多，所以上课中允许提问的机会很少。②时间长。每次授课一般为 100 分钟，且一周一般上三次课，内容基本无重复。③进度快。由于数学的内容十分丰富，但学时又有限，每堂课不仅内容多，还是全新的，教师授课的时候只能讲重点、难点概念，讲疑点，讲思维，很少举例。如此重要的课程，单一的课堂教学难以保证因材施教，课后作业很难实现教学功效。因此，现代化手段的融入，对于提升大学数学课堂的教学质量是非常有必要的。

在网络资讯发达的今天，学生上课玩手机的频率越来越高，大学课堂教学秩序已受到很大冲击。微信公众号是目前备受人们青睐的一种手机媒体形式，借助这种新的网络资讯平台来促进课堂教学，提高大学生的学习效率。因此，基于微信公众号，对在线教育环境下大学数学课程教学新模式展开探讨是非常有必要的。

三、基于微信公众号的教学模式的设计与实施

（一）教学模式的设计

本系统以微信公众平台的设计为主，以外链的形式外挂基于 JavaWeb 的系统为辅，结合微信的即时通信、群聊、朋友圈、公众号安全助手等功能，构建以微信为中心的多元学习系统。微信平台方面的相关功能实现完全依托微信公众平台和微信基本功能，界面风格及操作方法与微信官方保持一致，公众平台在相关功能的布局、菜单、素材及用户分组方面进行具体设计；辅助系统功能齐全且便于操作；在界面设计方面，选项清晰分明，易操作，公众平台的分析功能可进行数据分析；结合微信群组的即时通信功能和微信朋友圈功能达到分享推广的效果，构建出整套移动混合学习系统，基于构建主义、协作学习、自主学习等理论，通过对不同主题的点击量进行前端分析，了解学习者的兴趣、学习内容，进一步进行学习活动设计和评价。

（二）平台实现及其统计特征分析

平台主要面向学生，每周发 2 ~ 3 次帖子，帖子内容与教学内容相关，发帖时间与教学进度保持同步。如今，平台开发已初具规模，关注人数稳步增长。值得一提的是，微信公众号平台运营以来，逐渐积累海量数据。有的规律明显，例如，帖子发布首日，阅读量最大，随后锐减，这与学生对事物的新鲜感有关；开学之初，阅读量也会明显剧增；不同的帖子阅读量不同，与学生的兴趣、帖子的写作质量、风格、体裁可能有关。当前，微信公众号累计关注人数已经过万，转发和会话次数逐年递增。

第二节　基于数学分层教学的模式创新

一、相关知识简介

（一）分层教学的理论概述

1. 分层教学的概念

分层教学是指教师在尊重学生学习主体性及认知规律的基础上，结合学生实际知识水平、具体的学习目标以及学习的可能性，根据学生在学习中存在的差异性，把一个或几个班级中的学生按其原有的知识水平和学习能力，分成若干层次，提出相应的教学要求，设计不同的教学内容和方法，并采取相应的激励机制，使不同层次的学生都能得到最优的发展，感受到成功的愉悦，实现"利用个体差异，促进全体发展"的目的。

2. 分层教学的理论基础

（1）教育学依据。

①布鲁姆提出的掌握学习理论。掌握学习理论强调每个学生都有能力理解和掌握任何教学内容，只要有合适的学习条件，绝大多数学生在学习能力、学习速率与继续学习动机等方面的个体差异将变得十分微小。而分层教学正是实现他"从差异出发，达到消灭差异"理论构想的有效手段。

②因材施教理论。所谓因材施教，是指在共同的教育目标下，针对受教育者的个别差异和具体特点采取不同的教育措施。因材施教的教学原则开始提倡于中国古代教育家孔子，宋代朱熹将孔子在这方面的思想和经验概括为"孔子教人，各因其材"。长期以来，形成中国教育公认的一项教学原则和优良传统。贯彻这一原则要求全面深入地了解每一个学生，在教学工作中，注意对个别学生进行特殊培养，采取弹性教学制度等教学组织形式。分层教学在教学中针对学生基础知

识、接受能力等因素对学生进行分层，教学过程中针对学生不同的实际情况进行教学目标分层、教学内容分层、作业分层和评价分层就是对学生进行因材施教。

③维果茨基关于"最近发展区"的理论。"最近发展区"的理论认为，每个学生都存在着两种水平：一种是现有水平，另一种是潜在水平，并把现有的发展水平与最高潜在水平之间的发展区域称为"最近发展区"或"教学最佳区"。教学就是这样一个由潜在水平转化为新的现有水平，并不断创造新的"最近发展区"的过程。根据这种理论，人的个体差异既包括现有水平的差异，又包括潜在水平的差异，只有从这两种水平不同层次的差异出发，才能使教学成为促进学生发展的真正手段。

④巴班斯基关于"教学形式最优化"理论。"教学形式最优化"理论认为，当传授容易理解的新教材进行书面练习及实验时，以采用个体教学为最好；当传授不同深度的新材料或练习演算时，可采用临时分组教学形式；当传授复杂、分量较多的新教材，而又不能采用个别和分组教学形式时，应采用集体讲授或集体谈话的形式。他主张通过对学生进行有区别的帮助，以使每个学生都能取得自己当前最好的成绩，并强调对教学形式进行最佳组合。

（2）心理学依据。从心理学角度来说，学生的个体差异是客观存在的，而且心理学对个体差异的研究表明：与学习有关的个体差异可分为可变差异和不变差异。可变差异是指学生在知识储备、学习促进策略、态度与技能方面的差异，即被加涅称为"学习结果"的差异。这种差异是习得的，也是可以改变的，它的具体内容是我们教学必须完成的任务。不变差异指的是相对可变差异而言较为稳定的、表现为思维和个性特征方面的差异。这种差异是进行教学的前提和基础。具体而言，学生在学习上的差异表现为：可以有不同的能力、不同的特性与学习风格或不同的学习速度，也可以有不同的已有知识和学习兴趣。这些差异是学生在接受教学之前所具有的特性，并将影响教学的有效程度。因此，在理论上，学生在学习上是有差异的。分层教学就是在教学过程中承认学生学习上的个体差异，并针对这种差异在教学过程中正确对待，充分利用学生学习差异中有利的因素，把差异视为一种教学资源，教学中充分利用此种资源，推动各层次学生的合作学习。

（3）哲学依据。具体问题具体分析，一切从实际出发，这是马克思主义哲学的基本原则。由于学生在生理发育、心理特征、兴趣爱好、智力水平、潜在能力、学习方法等方面存在差异，所以教学工作必须从学生实际出发，因人而异，因材施教，才能使处于不同层次的每一名学生都能在原有基础上有所提高。

3. 分层教学的主要形式

其主要有四种：第一种是起始分层，第二种是中途分层，第三种是班内分层，第四种是年级内分层。

所谓起始分层，就是在起始年级，依据学生的入学成绩进行分班，对分层后的班级有针对性地配备班主任和任课教师，制定不同的教学目标。例如，学生入学时就可按考试成绩分成一个超常班和三个常态班。在师资配备上也充分考虑教师的特点，以形成优化组合。

所谓中途分层，就是在学生升入更高一年级的学习时，依据学生上一学年的成绩及个人表现分班，同时，充分考虑到实际情况，在学生自主提出要求的基础上进行重新分层（分班）。为了最大限度地提高教学效益，依据学生的不同基础和不同接受能力，对他们进行分班。同样，在中途分层中，必须充分考虑班主任和师资力量的配备。

所谓班内分层，就是任课教师在班级实施课堂教学时，针对学习基础不同的学生实行不同的教学要求，这包括制订不同的教学目标、设计不同的问题、布置不同的作业，既注重打实基础，又注重加深拓展，激发学生的学习兴趣，调动学生的学习积极性，使不同层次的学生都能有所提高。在四种分层教学中，这种分层教学对教师有更高、更严格的要求。

所谓年级内分层，主要在年级内的补差提高课中实施，在一个年级中按补差要求和提高要求对学生进行分层，由两位或两位以上的教师在不同的教室内进行补差教学或提高教学，目的是使教师教学更具有针对性，更注重实际效果，使补差和提高的学生能各得其所。但与班内分层相比较，年级内分层的灵活性稍差。

起始分层和中途分层主要涉及学校的教学管理工作，是学校教学管理的手段之一。在入学起始阶段，将成绩相近的学生组成一个学习群体，可以减少一些教学难度，但这是一个非常敏感的问题，必须高度警惕，以防止产生负面的标签效应。在操作时特别强调要做好学生的思想工作，加强思想教育，对不同层次的学生都寄予热切的期望。发动学生根据自身的原有基础，提出切合实际的学习目标，调动其内在学习积极性。分班后，经常组织年级活动，多开展一些技能类的比赛，使知识层次有差异的学生在能力范围内各展其才。

班内分层灵活性较强，可以在任何学科的课堂教学中实施，不需要对学生进行跨班级的调动。但它对教师的备课、教学、课后辅导、批改作业等教学环节提出了更高的要求，更对教师的工作责任心、敬业精神提出了新要求。年级内分层需要由学校教导处进行组织，需对学生进行跨班级的调动，如分层较细的话，还需要配备更多的教师和教室，教师的课后辅导也会因学生的跨班级流动而变得较为困难。但它的优势在于，由于教育对象集体属于同一层次，因此，教师在教学目标的制定上可以更为统一，备课、上课、布置作业等教学环节相对可以简化，有利于教师突出重点，集中精力，发挥四十五分钟教学的效果。

（二）数学课实施分层教学的必要性

1. 传统教学模式的弊端

随着素质教育的深入，教师花费了不少心思，创立了不少新的教学模式，以便更有效地落实素质教育的培养目标。应该说这些模式对提高学生能力，都起到了一定成效，但教师在观念上没有完全放弃以讲为中心的传统教学方法，却又阻碍了素质教育的落实。

教师无论采取什么样的教学模式，仍比较喜欢在班级以同一进度、按同一方法、以统一讲授为主要方式学习同一内容，这种方法的优点是简洁、直接，学生接受速度快，暂时效果好。有些教师在确定讲法时不仅考虑了知识本身的逻辑关系，而且考虑了学生的接受水平，一般都以班级学生的平均水平为标准来讲授。但这种方法也存在明显缺点。

（1）统一方法、统一内容不能适应和满足每一个学生的学习需要，没有真正做到面向全体。素质教育强调面向全体，是指每个学生都获得同等机会，并且是适应个体特点的机会去获得学习的成功，以满足其学习需要。学生学习基础、学习需要不同、能力水平不同，就应该针对其特点采用不同的方法。面向班级大多数中等生来讲，必然会造成"学优生吃不饱、学困生吃不了"的情况。

（2）这种以教师讲授为中心的教学方式经常使学生处于被动状态，其主动性和积极性难以发挥，既不能保证教学质量和效率，又不利于培养学生的发散思维、批判思维和创造性思维，也就不利于创造性人才的培养。

（3）采取这种教师统一讲授的方式会大大减少教师与学生之间、学生与学生之间的交流机会，师生之间反馈信息不够、不及时，也会影响教学过程的及时调整和优化，学生思想、学习上的困难不能及时得到解决，会影响后续课程的学习，不利于学生情感的发展。

2. 数学难学是必须分层教学的主观外因

数学是一门侧重于抽象思维、逻辑思维能力培养的学科，高度抽象化、概括化和形式化的数学符号语言常常令不少学生"看得见，分不清，理还乱"。低年级的学生对老师的依赖性强，学习被动，造成自学能力弱，理解能力不强，进入高年级，由于内容更加抽象化、符号化，数学符号的高度抽象性和复杂性与低年级教材内容、学习方法都有较大的差距，使原来感觉不错的学生也明显感到学习数学的困难，并开始有点儿力不从心，许多问题也无法理解。在教学实际中可以看到，有厌学情绪的学生，往往学习主动性也不强，在学习上一般处于被动的地位，由于他们的基础较差，对数学的很多概念、性质都感到很难理解，在教师的帮助指导下，他们一般仅限于字面理解，浮于表面，很难达到解释的理解、批判的理解或创造的理解，理解水平未能达到深层次，日积月累，上课就会一知半解或根本就听不懂，学习感到枯燥无味，自然就难以收到好的成效。

某些学生存在偏重机械记忆、喜欢模仿、缺乏独立思考、不求甚解等智力弊端，由于低水平的理解接受能力，学习效果难以达到期望值，对理解与掌握数学的文字语言、符号语言、图形语言有相当大的困难，特别是符号语言和图形语言更是觉得抽象难懂。

由于数学知识的连贯性，学生学习数学中，没有掌握扎实的基本功，新旧知识很难衔接起来，稍微疏忽就很难适应新课程的学习，多种原因使产生的学习障碍未能及时排除，使其后续学习产生更多难点，进而逐步积累。随着课程的不断深入，越发感到在学习上力不从心，形成持续的困难状态，害怕心理不断强化。

由于学科特点所决定，数学课的教学相对其他学科教学缺乏生动，还有它的科学性、系统性和严密的逻辑推理性都容不得半点儿感情色彩。因此，教师在上课时，若不注意，一般都显得墨守成规，如果处理不当，不经意跨越雷池，课堂就缺乏生气，久而久之，学生就会感到数学课枯燥无味，高深莫测，在心理上产生畏难情绪，直至厌学。

3. 学生的差异是必须分层教学的客观内因

学生的差异可从两方面理解：一方面是个体内的差异；另一方面是个体间的差异。个体内的差异，是指个人素质结构上的差异，如一个人所具有的各种能力、兴趣等的不平衡，表现在各门学科的学习能力、学习兴趣上。个体间的差异，是指人与人之间的差异。这些都是非常普遍的现象，在教育教学中了解学生心理个别差异，更多地考察他们的性格、兴趣和能力等主要心理特点是必要的。

（1）性格的差异。学生的性格，是指对现实的态度和行为方式中经常表现的稳定倾向。性格的生理基础是大脑皮层产生观念的中枢和制约行为的运动中枢之间建立的某种稳定的神经联系系统。教师可以从学生平时在校学习数学时，表现出的目的性、主动积极性、自制力、意志力等方面观察得到。学生的性格差异是由他们的遗传因素及所处的家庭、学校、社会教育不同造成的。气质类型不同的学生显示出个别差异，教师需要花费不同精力和时间，采取不同的教育方式来引导他们学习数学。

（2）兴趣的差异。兴趣是在需要的基础上产生力求接触和探究某种事物的心理倾向。兴趣受环境的影响，一个温暖、和谐的家庭会使学生"以人取向"，冷漠、孤僻家庭会使学生"以事取向"。从社会学的观点看，兴趣是个体在从事某种活动时受到的不同强化的结果，是学生模仿对他来说最重要的人的结果。有研究表明，兴趣有遗传倾向性，比如，同父母的兴趣显著相关。小学、初中时期，直接兴趣可以是支配学生学习数学的主要心理倾向。兴趣同知、情、意有密切的关系，人们总是对某种事物、某种活动有了一定的认知后，才会产生兴趣。兴趣还和情绪体验相联系，如果学生通过学习数学有愉快的体验、成功的感受，获得好成绩，也会产生兴趣。解数学题如果碰到难题时，需要顽强的毅力才能坚持到底，得出答案。

兴趣的差异表现在四个方面：第一，指向性不一，学生中有的喜欢代数，有的喜欢几何，有的喜欢计算，有的喜欢证明，有的喜欢理论，有的喜欢实践；第二，广度不同，兴趣面有的宽，有的窄；第三，稳定性不同，有的持久，有的遇到困难就退缩，往往影响成绩；第四，效能不同，有的积极钻研，有的满足于平时课本的内容。

（3）能力的差异。能力是人顺利完成某种活动所必需的稳定个性心理特征。要完成某种活动，常需要各种能力相结合。学生的能力差异主要表现在以下两方面。

①一般认知能力的差异。认知能力是观察感知力、记忆力、思维力和想象力等心理能力的结合。学生的学习速度、接受能力、反应水平、理解能力、模仿能力都有不同。为了比较准确地衡量并确定学生认知能力方面的差异，心理学家编制了标准智力测验。

②特殊才能的差异。特殊才能包含文学艺术方面的才能、科学技术方面的才能、体育方面的才能、组织方面的才能。科学技术方面的才能体现在数学学科上就是数学才能。学生的数学才能主要是从他们学习数学知识和解答数学习题的思维特点上表现出来的。迅速、广泛地概括数学材料的能力以及迅速自然地从正面的思维进程转变到反面思维进程的能力等，是数学才能一般结构的重要组成部分。敏捷的推理和思维定向，能很快地找到解答习题的方法；思维的逻辑性、循序性、灵活性，迅速牢固识记数学材料等，也是具备数学才能的重要特征。学生能很好地掌握教材和独立地创造性地解答相当复杂的问题，对学习数学知识和解答习题有强烈兴趣以及经常从逻辑和数学意义上去理解现实事物倾向，往往是学生有数学才能的表现。

二、现代教育技术环境下数学课分层教学的模式探究

（一）对教学对象分层

在维护学生自尊心的前提下，以学生自愿报名为主，同时，教师依据学生

的入学成绩、上课提问、分析学生作业、问卷调查或个别谈话以及学生自我评价等方面进行全面协调，把学生按照数学基础知识和能力水平划分为强、中、困难三个层次，并分别编排为 A 层、B 层和 C 层。

（二）分层教学的操作流程

1. 导入新知，分层定标

一个好的开端是成功的一半。一节课要想达到教学目标，必须在开始的时候就吸引住学生，因此，如何导入新知至关重要。所谓导入新知，即对新的数学知识的引入。因为新的数学知识的学习是建立在原有知识基础上的。为此，一方面可以以悬念开场，引发学生的学习兴趣；另一方面可以以复习旧知作为铺垫，为学生学习新知扫清障碍。

教学目标是教学领域里为实现一定教育目的而提出的要求和做出的规定，也是对实际教学活动水平所做出的具体规定，以便贯彻和检验。简单地说，教学目标是确定学生必须学什么，达到什么要求。

按教学目标层次，一般可分为教学总目标、课程目标、单元目标和课时目标。在我国，目前教学目标的基本形式是各种教学大纲或课程基本要求，其内容多较笼统、概括，缺乏目标层次，可测性能较差。因此，按照教学目标分类理论，将教学目标具体化、层次化，使之具有系统性、科学性和可测性，是课堂教学优化设计的第一步。

教学目标是课堂教学的杠杆，制约着教学设计的方向。具体分析和设计教学目标又是教学设计的起点，只有明确教学目标，使之具体和精确，教学设计方案才能切实有效。因为教学目标控制着教学内容、教学媒体、教学方法、教学组织形式、课堂教学结构等一系列教学设计程序。

教学目标还是教学评价的根本依据，只有提供具体可测的教学目标，才能检验教学效果，做出科学、准确的评价。因此，教学目标的分析与确定，是教学设计的首要步骤。在为各层次学生确定目标时，我们要把培养目标、阶段目标和单元教学目标都分层考虑。

（1）培养目标。对于 A 层学生，他们具有较好的先天素质和知识基础，已形成较好学习习惯和方法，已具备成为未来高科技人才的素质，所以在对他们确定培养目标和选择教学方式时，应进一步拓宽视野，发展思维，提高能力。同时加强对其求实、质疑意识，勇于创新的科学精神及严谨科学态度的培养，为其将来在高新技术领域发展打基础。对于 B 层学生，他们将是未来社会的支柱，他们的素质高低将直接决定社会整体素质。对他们的培养目标主要是提高素质，深入发掘学习潜力，充分发展个性特长。要帮助他们产生浓厚的学习兴趣，掌握科学的学习方法，为其终身学习奠定基础。对于 C 层学生，则侧重于帮助他们掌握教材最基础的知识，具有初步技能，基本完成课堂教学任务，同时增强其学习自信心，培养学习兴趣，养成学习习惯等。

（2）阶段目标。教师要为学生明确的是阶段目标。阶段目标包括远期目标和近期目标。远期目标是使素质全面提高，个性充分发展。近期目标是指根据自己现有的水平，打算经过努力后初步达到什么样的水平，才能在将来实现自己的远期目标。阶段目标是学习过程中的导向和动力，可由学生根据自身水平确定其长期目标和中期目标。

（3）单元教学目标。在确定具体各节的课堂教学目标时，教师首先要考虑教学大纲、教材等要求；其次考虑学生现有知识水平和潜能发展情况；最后考虑各层学生培养方向。要做到既符合大纲要求又适应学生实际学习水平，又能促进学生向高一层次目标不断递进。单元教学目标划分为基本目标、深化目标、发展目标。基本目标要求人人达标，深化目标要求中高层次 A 层、B 层学生达标，发展目标是有特长的学生和有潜能的 A 层学生经过努力能达到的目标。

2. 指向明确，分层提问

在分层教学中，教师的课堂提问要注意回答问题对象的指向性，要充分调动每个学生思考问题的积极性，让每个学生都有回答问题的机会，特别注意 B 层、C 层同学的参与程度。按照由具体到抽象、由感性到理性的认识规律，由易到难、循序渐进地设计一系列问题，既要考虑学生的可接受性，又要使不同层次的学生"跳一跳"都能"摘到果子"，从而帮助学生树立学习的信心，增强学习的兴趣，要给予 B 层、C 层同学较多参与学习的机会。教师在分层教学中提问时，要明确问题的对象指向（某一问题是针对哪一层次的学生而提出的）和目的指向，合理安排提问设计，以推动各层次学生参与教学，调动他们自主学习的积极性。选择回答问题者要注意，回答者不应仅仅是自身个体，而应是一个层次学生的代表，通过他可以反映所属层次的一般学习情况。另外，提问时应注意问题的层次性、导向性，以便因材施教。A 层次学生回答知识综合性高、应用性强、难度大、灵活性大的问题，B 层次学生回答一般性稍有灵活性、直观性强的问题，C 层次学生回答一般性比较简单、直接出自课本的基础性问题，让每个层次的学生都有展现自己的机会。通过提问开拓学生们思路，启迪他们的思维，提高各层次学生回答问题的能力，发挥提问在分层教学中所起的作用。

3. 自主学习，分层练习

现代人本主义学习理论的核心就是让学生自由地学习，强调自我发现，学生是外部刺激的被动接受者。教师要鼓励学生积极思考、自由交流、大胆质疑，激发创造性思维，提高学生的整体综合素质。而现代教育技术环境下的分层教学强调自主学习。学生利用教师整合的网上信息资源，充分发挥网络与计算机优势，通过超文本选择性链接与交互互动性学习，来充分发展学生的个性。学生的学习应有其自主性，学习者通过自主搜索学习信息：一方面要了解和掌握搜索学习信息所必备的技巧和策略；另一方面要初步对搜索到的学习信息进行有学习意义的加工处理，在经过一定的内心体验后，从学习信息中提炼出需要进行深入研究的问题。同时，学会通过分析、鉴别、筛选、归纳、综合、猜想等多种方法自主发现并形成知识概念和规律。教师可设定在一定时间范围内，允许学生按自己的进度进行学习，从而更好地实现分层教学和个性化学习。

使课堂练习与教学目标相协调而分层训练，全方位揭示知识的发生过程，掌握数学定义、定理、公式的形成过程及其内涵、外延的揭示过程，比理解其概念本身更为重要。对于习题课或复习课来说，如果再使全班都在同一层次进行教学，那么 A 层的学生则会感到"吃不饱"，而 C 层的学生却感到吃力。教师应从不同的角度、不同的层次、不同的情形、不同的背景设计出多样化的变式训练题，对数学知识结构给予层层点拨、层层分析，引导各层次的学生从自我"数学现实"中拓展自己的数学空间，加强基础知识与基本能力，培训数学素养与创新意识。

4. 合作交流，分层互动

合作学习是一种比较悠久的学习方式，在小组合作过程中，不仅能产生个体不能产生的合作效果，而且在成员的相互帮助下，个体还能取得各自的成果。合作学习除获得学业本身的成果以外，还能潜移默化地提升许多"素质"，如提高人际交往技能，学会自我评价，提高认识自我的能力等，也能培养团队合作精神、集体主义感，提升情商素养等。

因此，在分层教学中提倡分组合作学习。在现代信息技术下，分层互动一般包括"学生—计算机"分层互动和"学生—计算机—教师"分层互动两种类型。"学生—计算机"分层互动要求计算机利用其逻辑分析、模糊判断和穷举功能，对不同学生的输入内容进行分析时，给予有针对性的高智能的评价和指导。"学生—计算机—教师"分层互动要求教师对学生进行分层指导。教师利用控制平台及时了解每个学生的学习情况，并通过个别指导解决个别问题，小组指导解决几个人的问题，全班集体指导解决群体问题。

5. 教师答疑，分层评价

传统的答疑方式是师生面对面的交流，它受到时间和空间的限制。利用网络视频技术，可以实现名优教师现场远距离答疑，克服空间的限制；网上平台可以实现疑难问题的即时解答，克服时间的限制。网络答疑技术的应用有利于鼓励学生积极思考，多提问题，有利于培养学生创造性思维能力。由于在网络环境下，学生提问具有随机性、多层性，因此在实现答疑的过程中，也就实现了对学生的分层教学。

目前，在数学教育中教师正采用一系列的评价手段和方法，常用的有诊断性评价、形成性评价和终结性评价三种。诊断性评价是在新的学习阶段或新的章节前进行的学习评价，其目的主要是通过考核了解学生是否具备学习新内容的必备知识、技能，发现共同的问题或缺陷。教师根据诊断性目标评价的结果，确定教学的起点，安排教学计划，或采取补救措施，使学生顺利进入新内容的学习。形成性评价是教学形成过程中进行的学习评价，常在一个教程或小单元教学结束时进行。形成性评价的目的在于了解教学效果，反馈教学信息，对教学实施情况进行诊断分析，即分析教学目标的达标度，弄清楚哪些知识点已经达标，哪些尚未达标，哪些方面存在难点，从而及时地补救、矫正。形成性评价一般通过形成性练习方式进行。终结性评价是在课程结束或毕业前进行的综合性评价，其主要目的是评定学生的学业成绩，授予一定的学历资格，同时综合评定教学效果，并为改进教学与管理提供依据。在这三种评价中，传统上比较看重终结性评价，而对学习过程中的评价不太重视，评价手段、方法的重心和依据就是对知识和技能的评定，这样的评价方式已经日益显露出它的弊端。其具体表现为：重知识和技能的评定，轻态度、方法、行为的评定；重结果的评定，轻过程的评定；重继承评定，轻创新评定；重评价的选拔功能，轻预测、诊断、反馈、导向、激励等功能；重共同性轻个性化评价、重表面轻真实性评价等。

现代教育技术环境下分层学习效果评价的重心在于调节各层学习者学习行为与学习过程，即形成性评价。通过形成性评价，可以及时了解学生是否达到分层教学目标规定要求。而经常性的反馈又是提高教学质量的有效保证，对学困生学业不良的预防与克服而言，反馈尤为必要。通过及时反馈，教师能够针对存在的问题，及时调整教学策略。尤其应该注意的是，由于分层目标比较适合学生的学习准备水平，因而学生成功的可能性会大大增加，让学生及时了解自己的学习结果，并给予必要的及时评价，能够加强学生内部学习动机的驱动力。但是，经常及时性反馈主要通过教学过程中的形成性评价来实现。因此，教师在运用形成性评价时，应注意把握以下三点。

（1）明确形成性评价的目的。即形成性评价的目的主要是了解学生达到各项教学目标的程度，而不是对学生分等。

（2）保证形成性评价渠道的畅通。即要求它能在教学过程中的任何时候进行。

（3）灵活选择形成性评价的形式。形成性评价的形式既可以是提问、观察、课堂练习，也可以是家庭作业、测验等形式。

在评价方法与手段的使用上，对 C 层学生，一般可采用表扬评价，寻找并肯定他们的点滴进步，促使其走向成功，消除自卑，获得成功体验；对 B 层学生，一般可采用激励评价，揭示不足，指明努力方向，促使其不甘落后，积极向A 层递进；对 A 层学生，一般可采用竞争评价，坚持高标准、严要求、重能力、促发展，让学生在竞争环境中不断获得自主发展，能力有所提高。

6. 复习巩固，分层作业

在学完一个概念、一节内容后，学生要通过做练习来巩固和提高，因此课后布置多层次的作业是分层教学中必不可少的环节。课后作业"一刀切"的做法是不符合学生实际的。为此，教师应根据不同层次学生的学习能力，设计出多层次、多角度、多形式的练习题供学生课后作答，扩大学生的参与度。

（三）分层教学中应注意的问题

1. 培养学生积极健康的思想情感

情感是人类对客观事物和对象的一种态度与心理体验。教学中，应积极培养学生积极向上的思想情感，这对学习数学起激励作用。

教育心理学家认为：情感是影响课堂教学效率的主要因素。在课堂教学中，通过师生之间的交流，产生情感共鸣，思维共振，便能达到教与学的和谐。因此，教师在课堂教学中应做到与学生情感沟通，构建一种师生共进退的良好气氛。这就要求教师在课堂教学中做到以情激情，以趣激情，以动激情，以美激情，即教师不仅要精神饱满，热情洋溢，体态活泼，语言风趣，而且要方法灵活，富于激情，使学生始终处于最佳兴奋状态。

2. 注重对 C 层同学的转化

所谓的 C 层同学，就是常说的"数学差生"。

布鲁姆认为，只要提供合适的环境和足够的学习时间以及适当的帮助，95%的学生能够学好每一门功课，达到确定的教学目标。因此，C 层同学之所以成为"数学差生"的主要原因不是智力因素，以下重点分析非智力因素及教学对策。

（1）造成数学差生的非智力因素。

①缺乏科学的学习方法，学习的自主性差。往往是课上听课，课后完成作业了事，甚至课上听不懂，课后抄作业了事。没有形成课前预习、课后复习，努力寻求最优解答，解题后进行总结、归纳、推广和引申等科学的学习方法。不注重数学的理解，偏重于课本上的定义、公式、定理，甚至题解，造成条件稍一变化，便无能为力。对于所学的知识不会比较，不善于整理归纳，知识松散凌乱。

②意志薄弱，不能控制自己坚持学习。一遇到计算量比较大、计算步骤比较复杂，或者是一次尝试失败，甚至一听是难题或一看题目较长就产生畏难情绪，缺乏克服困难、战胜自我的坚韧意志和信心，甚至由于贪玩厌学，经不起诱惑，就不能控制自己把学习坚持下去。

③自卑感强，自暴自弃。在未接触到某数学知识之前，就对它有一种畏惧心理。一旦接触到这些知识，稍一不慎，就会自暴自弃，认为数学是学不好的，最终放弃了学好数学的信心。

（2）教学对策的实施。针对上述数学差生产生的非智力因素，可采取以下几种对策。

①阐述学习数学的重要性，激发学习动机，形成学习数学的动力。学习动机是直接推动学生学好数学，达到学习目的的内在动力，直接影响学习效果。在教学活动中要求教师向学生阐明学习数学的重要性及目的要求，调动学生学习的主动性和积极性。当前社会上存在不合理分配现象，特别是受经商风冲击，使一部分学生厌学，再加上数学本身抽象难懂，学生就更不愿意学习数学了。针对这种情况，对学生进行学习动机、学习目的的教育，激发学生学习数学的兴趣就更为重要了。教学中，教师要贯彻理论联系实际原则，充分显示数学和其他学科的关联性，突出数学与生活紧密相关的重要性。

②加强小组合作。把 C 层同学合理分配在不同的学习小组中，指派特定的同学对其及时进行帮助，使其在团结友爱的氛围中逐渐进步。

③注重磨炼学生的意志。如果学生具有坚强的意志，就会在学习上下功夫，锲而不舍，从而取得良好的学习成果。教师应当在引导学生参与知识的探究过程中设置一定的困难，有意识地磨炼学生的意志。设计的提问或练习，要有一定的坡度和跨度，鼓励学生不畏困难，知难而进，既培养学生的意志，又增强他们的学习兴趣。

④让其品尝成功的喜悦。引导学生自己去做力所能及的事情，对他们的要求要恰当，一步步引向深入。在这一过程中让学生享受发现的乐趣，享受成功的喜悦，逐步增强他们对学习数学的兴趣。

⑤建立良好的师生关系。"亲其师而信其道"，教师与学生的关系应该是相

互信任和相互尊重的知心朋友关系。学生的学习质量取决于师生之间的双向努力，取决于良好的班级学习风气。对于缺乏毅力、暂时表现后进的学生，更应在学习上关心，在生活上帮助，对他们取得的进步及时给予表扬和鼓励，让他们感受教师的关心以及殷切的希望。此外，在课堂提问过程中还要实行鼓励性教学，注意知识的深入浅出，设计问题时力求简单明了，把容易的问题留给 C 层同学，当回答正确时及时给予表扬和鼓励；如果答错也不应加以指责，而应帮助他们分析，鼓励他们再找出答案。在教学形式上开展课堂抢答、分组比赛、学生讲课等多种形式的活动，使学生在学习中有光荣感、成就感，使他们获得学习的乐趣。同时，教师应加强自身的修养，因为教师本身的优良品质容易唤起学生的共鸣，能有效地调动学生学习的积极性。建立融洽的师生关系，有利于学生学习积极性的提高和学习目标的实现，从而提高教学效果。

3. 及时、合理进行层次的调整

通过各种阶段性检测，进一步了解和掌握学生的学习状况，在此基础上，教师可以帮助学生及时调整对自身层次的选择，鼓励学生不断提高目标层次。同时，还要做好那些本来选择了较高目标层次而又没有达到目标的学生的思想工作，减轻他们的思想负担。

总之，每个数学教师都要有整体育人、全面育人的观念。素质教育的整体性要求教师要对每个学生负责，转化一个差生和培养一个优等生同样光荣。切实使素质教育落到实处，使每个学生的数学素质不断完善和提高。

第三节　基于 MOOC（慕课）的翻转课堂教学模式

我国高校推行学分制改革，以学生为主体，实行选课制，允许学生跨学科、跨院系、跨专业、跨年级选课，给学生充分机会熟悉各个专业，进而结合自己的兴趣爱好选择专业方向。学生要完成学业，必须修读并获得该专业指定模块的课程学分，但是高等教育的大众化使得我国多数大学生在入学时数学基础处于较差水平，学生的基础知识和学习能力参差不齐，部分学生因为基础偏差，或者学习态度不端正、学习方法不正确等原因，在课程考核中不及格，这时就需要通过重修课程完成毕业学分的修读要求；也有部分同学虽然已拿到该课程学分，但由于其他原因，也需要通过重修课程以得到更高学分。

一、组织重修课堂面临的问题

目前，部分大学重修课程的学习主要采用以下两种方式：单独开设重修课堂或跟随下一届教学班重修。虽然重修方式可以选择，但是在实际操作中还是存在很多问题，以"高等数学"课程为例，每年参加重修的学生人数很多，给组织和管理重修工作带来压力。组织重修课堂主要存在以下几个问题。

（一）学生重修课程难以合理安排时间

随着素质教育要求的不断深入，学生需修课程总数呈递增趋势，据不完全统计，学生平均一学期需修课程达到 10 门以上。另外，需要重修的学生分散在各专业、各年级，上课时间很难统一。单独开设的重修课堂一般在晚上和周末，但若该学生重修课程较多，很难保证课程时间不冲突。如果选择跟随下一届教学班重新学习，就更难做到时间上的合理安排。

（二）重修学生分层严重导致授课重难点难以统一

选择重修的学生主要分为两类：不及格和"刷分"。不及格而重修的学生往往基础比较薄弱，学习主动性不够，授课内容只能以简单的基础性问题为主。"刷分"而重修的学生往往已有一定的基础，学习主动性较强，授课内容偏重知识点较为复杂的应用。因为学生分层严重，所以在课程内容设置上很难统一。

（三）教师难以安排

教师除了需要承担大量日常的教学任务，还需要完成一定的科研工作，因此承担重修教学任务的积极性不高。本着因材施教的原则，"高等数学"课程面对不同专业的学生开设不同难度的课程，教师承担"高等数学"重修课程的教学任务较重，更不用说还有一些专门为特殊学院、特殊人才开设的特殊班级的重修课堂；而且新开设的重修课堂多安排在晚上和周末，给部分教师协调工作和家庭的关系带来一定困难。

（四）课堂难以管理

无论是单独开设的重修班，还是跟随下一届教学的重修班，学生均来自各专业、各年级，同学之间互相不熟悉，任课教师管理课堂也比较困难。有的重修班人数多达 200 人，不可能每次上课点名统计考勤，只能靠学生自觉上课。另外，学生上课时间冲突的情况无法避免，学生缺勤、缺作业等情况也时有发生。

二、基于 MOOC 的翻转课堂带来的转机

MOOC 起源于美国，它的出现掀起了高等教育迅速发展的新浪潮，随着 Coursera（公开在线课程）、Udacity（优达学城）、edX（线上课程）三大课程商的兴起，实现了真正意义上的精品资源及课程共享。翻转课堂是针对传统教学方法所提出的一种新的教学方法。通过重新安排课内外的时间与顺序，将学习的主动权由教师转变为学生，从而提高学生的主动性与创造性。

21 世纪以来，专家学者对翻转课堂的教学模式逐步达成共识，借助 MOOC 教学模式，将每门课程分为若干知识点，每个知识点录制成 5 ~ 15 分钟的小视频，也就是微课视频片段。教师将结合实时讲解和 PPT 演示的视频上传到网络，让学生在家中或课外观看视频中教师的讲解，把课堂时间节省出来进行面对面的讨论，强化学生对知识的消化吸收。这种教学模式取得了积极的成效。翻转课堂的理念在美国乃至世界各地被越来越多的中小学、大学接受，并逐渐发展为教育教学改革的新浪潮。

基于 MOOC 的翻转课堂教学模式可以突破传统课堂时间、空间的限制，依托互联网，学生在家就能学习课程，可以同时解决教师以及学生上课时间难以安

排的问题。将 MOOC 的系统性、开放性、互动性、专业性的课程体系融于一体，整合多种网络工具和数字化资源，形成人性化、多元化的学习工具和丰富的课程资源，其本身更注重师生互动及学习者自身的学习体验，还原"学习"的本质。在应用上，学习者还可以根据自身条件和自制力不同，自主地选择更适合自己的 MOOC 教学内容。综上所述，基于 MOOC 的翻转课堂教学模式可以很好地解决目前高等数学重修课程所遇到的问题。

三、基于 MOOC 的翻转课堂教学模式的建设

基于 MOOC 的翻转课堂教学模式提倡以学生为中心，鼓励学生主动参与讨论，通过积极思考、交流、协作和实践操作，而不是以往在学习活动中被动地接受知识。学生可以高效地学习知识，锻炼思维，学生的主动性、能动性和合作性得到充分发挥。

基于 MOOC 的翻转课堂教学模式的关键在于 MOOC 资源的建设和使用。虽然网上有其他高校和国外的"高等数学"MOOC 课程，但每个学校学生情况不同，需要借鉴和改造后才能适合本校学生使用，所以最好是学校自己建设 MOOC 资源。建设 MOOC 资源的主要内容如下。

（一）划分知识点

首先要根据"高等数学"课程的培养目标和课时来划分知识点，每个知识点录制的视频以 10 ~ 20 分钟为宜。也就是说，要对整个课程的知识体系做碎片化处理，每个碎片对应一个知识点。

（二）MOOC 视频效果的及时反馈

MOOC 的教学资源除教学微视频外，还包括在线自测练习题库、关键知识点动画案例等各类辅助资源。MOOC 课程的教学视频需要充分考虑学生的关注度时间以及视频本身对学生的吸引力，在每个教学片段后，教师可以安排相应的问题作为随堂测试，对部分内容的有关算法可以借助动画等手段来表现。

学生完成视频学习后，需完成反馈表。学生从知识量、知识点的布局、知识点的理解程度等方面根据教师给出的评分标准评分；教师通过反馈表，追踪学生的学习进程，掌握学生的学习情况，及时对后续课堂讲授做出调整和修订，让学生和教师之间的沟通达到和谐、高效的效果，既充分肯定以学生为中心的学习模式，又将教师的引导作用发挥到最大化。

（三）多种辅助功能

除 MOOC 的教学微视频外，MOOC 资源还要开发程序自动评分和智能审阅功能，加速学生在"高等数学"课程的 MOOC 作业评阅；同时还要引入多种协同工具，如教师的在线答疑功能，提升教师和学生的交流，跟踪每个学生的学习进度，从而方便教师对学生进行评分。

（四）多元评价体系的考核方式

传统的考核评价方式单一，重结果轻过程，重理论轻应用，缺乏有效性、合理性和公平性。传统的评价模式是总分为平时成绩的 30% 和期末考试卷面成绩的 70% 的总和，学生只得到一个单一的分数，没有教师对学习成果的反馈，从而无法明确下一步的努力方向。多元评价模式是评价学生的学习成果和学习态度，由形成性评价和总结性评价构成。形成性评价占 70%，通过在教学过程中定期实施，从而了解学生的学习结果；总结性评价占 30%，是在教学后实施，检验教学目标是否达到，并评价学生的学习结果。

基于 MOOC 的翻转课堂教学模式，顺应了信息化时代的潮流，充分发挥了学生的主体作用，有利于激发学生的学习积极性，从而提高高等数学教学的质量。这种新的教学模式突破了传统课堂时间、空间的限制，使重修的学生更能灵活地安排学习时间，能够根据自身情况自主选择学习内容的难易度，在一定程度上解决了"高等数学"重修课程所面临的问题。因此，将基于 MOOC 的翻转课堂教学模式应用到"高等数学"重修课程中，是必要且迫切的。

第四节　基于数学行动导向的教学模式创新实践

一、行动导向教学及其理论基础

（一）行动导向教学相关概念的界定

1. 行动导向

"行动导向"一词源自德文 Handlungsorientieurng。德国学者 T-Lahm 指出：行动导向是一种指导思想，目的是培养学生的自我认知能力和强烈的责任心。行动导向是在教学过程中，创设教与学、师与生互动的职业情景，把关键能力的培养渗透在整个教学过程中。我国教育工作者认为：行动导向是以教学过程为导向的活动，学生是学习的行动者，教师是学习的引导者，学生为了"行动"而主动思考，通过"行动"来收获知识，最终达到"行动"和"学习"过程的统一。

2. 行动导向教学

行动导向教学来源于德国"双元制"教育模式，其包括为行动而学习、通过行动来学习、行动即学习三个方面。在教学过程中，师生共同确定学习任务和目标，教师创设一种接近专业、生活或工作的交往情景，并进行合理引导，使学生参与体验知识的建构过程，从而使学生提高学习兴趣、掌握知识技能、提高团结协作能力等。行动导向教学以案例和问题解决为目的，注重学生的自我管理，教师则为学生提供咨询帮助，并与学生一起对学习过程和结果进行评估。

行动导向教学不是一种具体教学方法，而是一个创新的教学过程，它是由一系列以学生为主体而展开的教学方式或方法构成的，具体包括项目、案例、引导课文等教学法。

3. 关键能力

关键能力是一种能够适应不断发展的科学技术所需要的综合职业能力。它是方法能力与社会能力的进一步发展，是从事任何职业都需要的并且对个人的未来发展起关键作用的能力。

（二）行动导向教学的理论基础

1. 人本主义教育思想

人本主义理论 20 世纪 50 年代末至 60 年代初兴起于美国，主要发起人是马斯洛和罗杰斯。人本主义理论认为：人的发展是因为个体自我实现的需要，而不仅是教育的作用。其中罗杰斯坚持"以学生为中心"的学习观，认为学习活动要完全交给学生去支配，教师是教学过程中的参与者和促进者，只为学生提供咨询、指导和平等的讨论。

行动导向教学强调教学过程以学生为主体，情感优先发展，学生在教师的引导下自主选择、思考、讨论和学习。在教学目标中注重知识、行为能力与情感意志目标的相互统一；在学习方法上，注重团结协作、交流与创新，学生也从"学会"转向"会学"；在教学评价上，注重小组自我评价及个人反馈，这些都体现了教育的人本主义思想。发展理论的基本假定是：儿童的认知发展和社会性发展是通过完成适宜的任务所进行的相互作用发展起来的。行动导向教学中教师为学生设计的教学内容、布置的学习任务，学生就学习任务和问题讨论所进行的相互作用在提高学习质量的同时，也会发生认知冲突，最终导致高质量的认知和理解。

2. 活动教学理论

活动教学理论是由教育家杜威提出的，该理论倡导"从做中学""教育即生活""学校即社会"的教学活动观，以上具有鲜明时代特征的观点为活动教学的发展奠定了坚实基础。

行动导向教学打破传统的教与学，采用活动教学模式，让"习"成为学生的本意，符合当前学生的实际情况：在行动中学习确实会调动学生的学习兴趣，让学习气氛变得更和谐，让学习更有效率。因此，从活动教学理论来看，行动导向教学恢复了学生主动学习思考的本性。

二、大学数学教学中行动导向教学的实践

（一）行动导向教学的一般模式

行动导向教学是一种全新的教学模式，和传统教学模式有着本质的区别。其主要通过情境创设和行动导向，使学生主动参与到课堂活动和学习中，从而促进学生关键能力的形成。数学课作为学校的一门重要的基础课程，如果能将关键能力的培养渗透到日常教学中，对于学生的长远发展有着深刻的意义。基于数学课程的特点，综合考虑学生的学情及教师的教学现状，教育者提出了数学教学的行动导向教学模式。

行动导向教学模式具体可描述为：学生在给定的任务中，采取个人或小组合作的方式制订计划，选择合适的方法，实施完成任务，同时学习控制个人或小组的活动过程，最后进行活动过程及结果的评价。

行动导向教学过程应该遵循完整的教学模式，学生的学习方式主要是自我管理式学习和合作式学习，教学评价应该建立在学生自我评价的基础上，分为学生自评、组间互评、教师评价等几种形式。

（二）行动导向教学常用的教学方法

行动导向教学是由一系列以学生为主体而展开的教学方式或方法构成的，由于每种教学方法都有其自身特点和优势，因此，在具体的教学实践中，教师应该根据教学内容、目标、对象的需要，把行动导向教学中的多种教学方法互相结合，灵活应用，创造更为活跃的课堂氛围，调动学生学习的积极性，以便取得更好的教学效果。

1. 项目教学法

项目教学法是指由教师和学生围绕一个具体的、完整的项目而共同实施的教学活动。该方法将知识的学习与实践活动相结合，把一个相对独立的项目（包

括项目的设计、实施以及评价）完全交给学生，以个人自主学习或小组分工合作方式去完成。

2. 角色扮演教学法

角色扮演教学法是根据教学内容、教学目标的需要，首先创设一种特定的工作情境，让学生在扮演特定的角色中体会自身角色和对方角色的情感变化，进而培养学生的自我认识能力、适应能力及社会交际能力。

3. 案例教学法

案例教学法是一种通过对相应教育情景的描述，引导学生对该情景进行研讨交流的教学方法。在进行案例分析的时候，学生要积极参与，发挥主体性作用，提出问题、分析问题并解决问题，必要时教师要加以引导，从而增强学生对问题的认识和理解。

4. 引导课文教学法

引导课文教学法是指利用教师编写和设计的课文（起到指南作用的学习手册）来引导学生自主学习的教学方法。学生通过阅读引导课文来明确学习目标，了解需要完成的工作、技能等，并尝试以个人或小组合作的方式去解决。运用这种教学方法，可以培养学生的良好学习习惯，大大提高学生的思考能力，为学生的个人发展奠定良好的基础。该教学法实施的关键是"引导课文"的编写，教学引导课文应由一系列引导性问题构建而成，将教学中的知识与技能目标通过问题的形式呈现给学生，让学生通过积极主动地查阅资料或利用已经学到的知识得到答案。

5. 大脑风暴教学法

大脑风暴教学法是教师引导学生就某一问题自由发表见解，而教师暂时对该见解的准确性或正确性不做评价的方法。其最大特点就是用最短的时间获得最多的思想及观点，该方法让学生在课堂上不受束缚，能充分激发学生的思维、灵感，最后教师引导学生就提出的观点进行总结归纳。在大学数学教学中，开放性问题（无固定答案或有多种解决方案的问题）或复习总结课的教学比较适合利用该方法。

三、基于数学行动导向的教学建议

（一）行动导向教学的评价要准确、科学

行动导向教学的评价有别于传统的教学评价。制订准确、科学的教学评价是顺利开展行动导向教学的基础。首先，教学评价应该是发展性评价。教师要用动态的眼光看待学生的过去和发展潜力，同时，要根据学生的学习基础和智力特点，制订动态的评价机制，给学生提供自我发展的机会。其次，教学评价是综合性的评价。教师不仅要关注学习结果，更要关注学习过程，对学生的思维能力、操作能力、情感态度、合作意识、创新意识等进行科学的评价。最后，教学评价是多元化的评价。传统教学评价以教师为主，具有片面性和主观性。在行动导向教学中，评价采取教师点评、学生自评与互评、小组评价、书面评价与口头表述相结合的方式，学生不再是被动的评测对象，而是学习评价的主体，从根本上促进了学生的自主反思。

（二）实施行动导向教学必须有一个良好的教学环境

行动导向教学锻炼的是学生的综合能力，在实施过程中一个项目的完成比传统教学要用更多的课时，学生开展社会调查、学习相关的背景知识需要更丰富的图书资源、网络系统。此外，教师开展行动导向教学在学习、设计、协调等方面需要花费更多的时间和精力。因此，建议相关教育部门和学校领导要加大图书馆、多媒体教室等基础设施的投入，合理设计班容量和数学课时，在整个学校营造一个良好的教学环境，以便教师积极有效地开展教学改革。

（三）正视行动导向教学与传统教学二者的关系

行动导向教学实现了"以知识本位"向"以能力本位"的转变，这是与传统教学最大的区别。传统教学注重基础知识的传授，教育的目的性、计划性、组织性较强。数学的培养目标是激发学生的学习兴趣，提高学习的主动性，增强计算能力、使用计算工具的能力、知识的应用能力，同时学习数学的思想和方法。

在教学过程中，教师要处理好行动导向教学和传统教学的关系，不能一味地应用行动导向教学而忽视数学基础知识的传授。根据教学内容以及学生的实际情况，将两种教学有机结合，从而实现教学效果的最优化。

第六章

高校学生数学思维能力培养

第一节　数学思维概述

一、数学思维的内涵

（一）思维的含义

人类的科学发展史，也是思维的发展史。随着人们对思维现象及其规律研究的不断深入，思维科学不但已经发展为一门独立的科学，而且已经渗透到心理学、哲学、逻辑学、控制论和信息论等许多学科中。

从心理学的角度分析，思维是一种特殊的心理现象。所谓心理现象，就是人脑对客观事物能动的反映。思维是人脑对客观事物的本质属性和内在联系的一种概括的、间接的反映。从思维科学的角度审视，作为理性认识的个性思维分为三种：抽象（逻辑）思维、形象（直觉）思维和特异思维（灵感思维、特异感知或特异活动中的思维）。

从哲学的认识论角度分析，人的认识过程一般可以分为感性认识阶段和理性认识阶段。感觉、知觉和表象属于感性认识阶段。在这个阶段，人们只能获得对事物的表面认识。而思维则是在感性认识的基础上进行的理性认识，是对感性认识的概括和升华，属于认识的高级阶段。正是在这个理性阶段，人们通过分析、综合、抽象、概括、比较、分类等思维活动，研究出事物的本质及内容的规律性。

从逻辑学角度分析，思维的主要形式是概念、判断和推理。概念是对事物本质属性的反映，由概念组成判断，由判断组成推理。判断和推理不仅反映了事物的本质，还反映了事物的内在联系与相互作用。因此，思维反映的是事物的本质属性、事物的内在联系和内部的规律性。

可见，思维是人脑对客观事物本质和规律的概括、间接的反映。概括性和间接性是思维的两个基本特性。

思维最显著的特性是概括性。思维之所以能揭示事物的本质和内在规律性的关系，主要是因为它体现了抽象和概括的过程，即思维是概括的反映。所谓概括的反应是指以大量的已知事实为依据，在已有知识经验的基础上，舍弃事物的个别特征，抽取它们的共同特征，从而得出新的结论。在数学学习中，学生的许多知识都是通过概括认识获得的。由此可见，没有抽象概括，也就没有思维。概括性是思维研究的一个重要方面，概括水平是衡量思维水平的重要标志。

思维的另一个特性是间接性。思维当然要依靠感性认识，没有它就不可能有思维。但是，思维远远超脱于感性认识的界限，能够认识那些没有直接感知过的，或根本无法感知到的事物，以及预见和推测事物发展的进程。我们常说，举一反三、闻一知十、由此及彼、由近及远等，这些都是指间接性的认识。思维之所以具有间接性，关键在于知识与经验起的作用。思维的间接性是随着主体知识经验的丰富而发展起来的。因此，知识和经验对思维能力有重要影响。

（二）数学思维的含义

所谓数学思维就是人脑和数学对象交互作用并按一般的思维规律认识数学规律的过程。数学思维实质上就是数学活动中的思维。对此，我们要注意以下两点：其一，它是指一种形式，这种形式表现为人们认识具体的数学学科，或是将数学应用于其他科学、技术和国民经济等过程中的辩证思维；其二，应认识到它的特性，这种特性是由数学学科本身的特点，以及数学用以认识现实世界现象的方法决定的。

（三）数学思维的分类

数学思维是一种极为复杂的心理现象。数学思维具有多样性，即多种形态。可以按不同的标准对其进行分类：

（1）根据数学思维过程是否遵循一定的逻辑规则，可将其分为逻辑思维与非逻辑思维。逻辑思维是指脱离具体形象，按照逻辑的规律，运用概念、判断、推理等思维形式进行的思维。非逻辑思维是指未经过一步步的逻辑分析或无清晰的逻辑步骤，而对问题有直接的、突然间的领悟、理解或给出答案的思维。

（2）根据数学思维的指向程度，可将其分为发散思维与收敛思维。发散思维又叫求异思维，它由某一条件或事实出发，从各个方面思考，产生多种答案，即它的思考方向是向外发散的。收敛思维又叫求同思维或集中思维，它是指将提供的条件或事实聚合起来，朝着一个方向思考，得出确定的答案，即它的思考方向趋于统一。事实上，数学问题的解决依赖发散思维与收敛思维的有机结合。一方面要广开思路，自由联想，提出解决问题的种种设想和方法；另一方面，又要善于筛选，采用最好的方案或办法来解决问题。在数学学习中，我们既要重视收敛思维的训练，又要重视发散思维的培养，还要重视两者的协调发展。

（3）根据数学思维方向的不同，可将其分为正向思维和逆向思维。正向思维与逆向思维，是指在思考数学问题时，可以按通常思维的方向进行，也可以采用与它相反的方向探索。数学知识本身就充满了正、反两方面的转化，如运算及其逆运算、映射与逆映射、相等与不等、性质定理与判定定理等。因此，培养学生的正向思维与逆向思维都很重要。

（4）根据数学思维结果有无创新，又可将其分为再现性思维和创造性思维。再现性思维，也就是一般性思维，它是运用已获得的知识经验，按现成的方法或程序去解决类似情境中的问题的思维活动，是一种整理性的一般思维活动。创造性思维是一种特殊的思维形式，即不仅要揭示客观事物的本质及内在联系，还要产生新颖的或前所未有的思维成果，给人们带来具有社会或个人价值的产物，是一种具有开创意义的思维形式，是再现性思维的发展。创造性思维作为思维的最高形式，是人类创新精神的核心，是一切创造活动的主要精神支柱。

二、高等数学学习中几种重要的数学思维

（一）归纳思维

归纳是人类发现真理的最基本也是最重要的思维方法，法国数学家拉普拉斯指出："在数学中，发现真理的主要工具是归纳和模拟。"

归纳是在对许多个别事物的经验认识的基础之上，通过多种手段（观察、实验、分类……）发现其规律，总结出原理或定理的方法。归纳推理是根据一类事物的部分对象具有某一属性，从而归纳出此类事物都具有这一属性的推理方法。或者说，归纳思维就是要从众多事物中找出共性和本质的东西的抽象化思维。更直接地讲，就是从特殊的例子中，利用归纳法预见到带有一般性质的进一步的结论。

从数学的发展过程可以看出，许多新的数学概念、定理、法则等的形成，都经历过经验积累的过程，经过大量的观察、实验、分类，然后归纳出其共性和本质的东西。在高等数学教学中，教师不但要使学生掌握归纳方法的要点、本质，还要培养学生强烈的归纳意识，并使他们认识到归纳意识在提高创新能力中的作用与价值，使学生在学习和工作中能有意识地去运用归纳法，这样也有利于培养学生的创造性思维。

（二）类比思维

日本物理学家、诺贝尔奖获得者汤川秀澎指出："类比是一种创造性的思维形式。"所谓类比，就是借助两类不同本质的事物之间的相似性，通过比较将一种已经熟悉或掌握的特殊对象的知识推移到另一种新的特殊对象身上的推理手段。当两个对象系统中的某些对象间的关系存在一致性或者某些对象间存在同构关系，或者一对多的同态关系时，我们便可以将这两个对象系统进行类比。由于类比为人们的思维过程提供了更广阔的"自由创造"的空间，因此它成为科学研究中非常有创造性的思维形式之一，从而受到科学家的重视与青睐。高等数学中很多知识间都有着显著的类同性。美籍匈牙利数学家波利亚曾说过："类比是一个伟大的引路人，求解立体几何问题往往有赖于平面几何中的类比问题。"因此，

教师在教学过程中应特别重视运用类比的方法，将其引入教学与学习（教会学生学习）活动，使教学与学习活动更加生动具体。

在高等数学教学中，从学生已熟悉的知识出发，通过类比而引申出新的概念、新的理论，不但易于学生接受、理解、掌握新的概念和新的理论，还有利于培养学生的类比思维，有助于学生创造力的开发。比如，在"中值定理"这部分知识的教学中，教师如果采用类比的方法，将各中值定理的条件、结论、几何意义进行比较，对培养学生的类比思维将大有裨益，从而也会取得很好的教学效果。除数学教学，教师还可以向学生介绍类比思维在其他学科中的应用情况。比如，"仿生学"就是类比思维的成果，仿生学是用"生物机制"进行类比的：滑翔机和飞机是人们受燕子飞翔的启发而设计的；潜艇、鱼雷是人们看到鱼在水中游产生灵感而制造的。这种思维是按照"类比—联想—预见"的步骤展开的，而数学的每一个概念、结论的深入研究，也是按着这个步骤展开的。在高等数学教学过程中，教师应充分抓住知识的特点，积极培养学生的类比思维。

（三）发散思维

发散思维也称扩散思维、辐射思维、求异思维，是指在创造和解决问题的过程中，不拘泥于一点或一条线索，而是从已有的信息出发，选择多角度，向多方向扩展，不受已知的或现存的方式、方法、规划或范畴的约束，并且从这种扩散、辐射和求异式的思考中，求得多种不同的解决办法，衍生出多种不同结果的思维方式。由于发散思维对推广原命题、引申旧知识、发现新方法等具有积极的开拓作用，因此它是一种重要的创造性思维。

我国数学家徐利治指出："数学中的新思想、新概念和新方法往往来源于发散思维。"他总结概括出了数学创造能力公式（创造能力 = 知识量 × 发散思维能力），并指出发散思维在数学创造性活动中具有重要作用。

数学发散思维的首要特征是发散性，即对同一个数学问题，思考时不急于归一，而是先提出多方面的设想和各种解决办法，然后经过筛选，找到科学合理的结论。此外，对正在研究的数学对象、数学方法，甚至已得出的公式、定理，都可以运用发散思维将其作为发散点，放在不定、可变的地位上加以观察和思考，探索"可变"的各种可能，甚至在范例中也可变中求活，活中求异，异中求新，新中求广。对未知的东西，要敢于去大胆地设想；对已知的东西，要敢于大胆地质疑，提出异议，勇于打破常规。

数学发散思维的第二个特征是流畅性，也称多端性。流畅性的基本特征是数学思维转换时畅通无阻，思维向多个方向发散，大脑对外界数学知识信息的分析、加工、重组的速度快，输出输入量大，对同一个数学问题能提出多种设想、解出多种答案，突出一个"快"字。

发散思维的第三个特征是变通性，变通性是指思维形式不受固定格式的限制，思维方向多，既可横向，又可纵向，还可逆向。形式灵活多变，代数、几何、三角、初等数学、高等数学的知识交汇使用，突出一个"多"字。

发散思维的第四个特征是独特性，独特性是指思维方式求异、新颖奇特，一题多思，千方百计寻求最优解法、创优意识强烈，思维结果有创新的特点。它反映了数学发散性思维的质量特征，突出一个"新"字。

数学发散性思维的实质就是创新，所以数学发散思维是创造性思维的重要组成部分。

（四）逆向思维

思维本身具有双向性，"由此及彼"与"由彼及此"就是思维的两个相反方向。一般情况下，人们把已经习惯的思维叫作顺向思维，而把相反方向的思维称为逆向思维。逆向思维是相对顺向思维而言的另一种思维形式，它的基本特点是：从已有思维的反方向去思考问题。顺推不了，就考虑逆推；直接解决不了，就想办法间接解决；正命题研究过后，就研究逆命题；探讨可能性却遇到困难时，就考虑探讨不可能性。由于逆向思维打破了习惯思维的框架，克服了思维定式的束缚，所以具有创造性。

在高等数学中，有不少内容都可以用来培养学生的逆向思维。例如，数学公式的逆向应用、问题分析中的"执果索因"、微分与不定积分的相互转换、辅助函数和几何图形、无穷级数和函数的求法、定积分定义求和、定积分和不定积分的关系、命题的逆否命题、探讨问题的不可能性以及反证法等都充分体现着逆向思维。

（五）猜想思维

英国著名物理学家、数学家牛顿说过："没有大胆的猜想，就做不出伟大的发现。"所谓数学猜想，是指根据某些已知的事实、材料和数学知识，对未知的量及其关系所做的一种预测性的推断。它是研究数学、发现新定理、创造新方法的一种手段。猜想是一种合情推理，它与论证所用的逻辑推理方法相辅相成。对未给出结论的数学问题，猜想也是寻求解题思路的重要手段。目前已有很多教师开始重视"教猜想"，这正是由于大家已经意识到猜想不仅是解决问题的重要手段，还是训练思维的有效方法。因此，对学生进行猜想训练、培养他们敢于猜想的能力，有利于学生数学直觉的形成，从而培养他们的创造性思维。纵观数学教育和数学发展历史，可以发现，学生猜想思维能力的发展和提高，离不开以下几方面素质的培养。

1. 较好的数学知识基础和较高的文化素质

要想运用猜想思维，就需要具备较广博的基础知识与较高的文化素质。只有在较宽广的知识层面上，数学想象才能振翅高飞，通过想象和联想，从那些形式上互不相关的问题中，发现知识之间的本质联系。

2. 高层次的数学想象能力

数学想象能力可以划分为若干个层次，不同的层次决定了想象能涉及的范围和效果。高层次的想象涉及数量关系和空间形式，以及由它们重新组合而形成的更为抽象、更为深入的数学构想。

3. 善于发挥数学的直觉思维

波利亚在其著作《数学与似真推理》中提出："还必须学习合情推理，即数学猜想。数学猜想是一种直觉思维，利用它不仅可以预测解决现有问题的思路，还可以提出有价值的新问题。"数学直觉即关于数学对象的关系和性质的直接领悟。法国数学家亨利·庞加莱说过："这种对数学秩序的直觉，能使我们去推测隐蔽着的各种和谐性与联系，但它并不是每个人都具备的，而必须靠人们自觉地培养、锻炼和提高。"

以直觉思维在数学发现中的作用而论，又可以将直觉思维划分为辨认直觉、联络直觉和审美直觉三种类型。辨认直觉可以辨明和预测数学猜想是否具有科学价值；联络直觉可以探究和考察不同理论、不同猜想之间的内在联系；审美直觉可以审查和评论数学猜想是否符合数学理论的美学标准。在科学研究和日常学习中，学生对理论发展的方向往往会有多种猜想，对解决问题的思路也会有多种猜想，究竟何去何从，必须求助辨认直觉和审美直觉。庞加莱认为直觉思维是一种无意识活动。然而，在诸多无意识活动的分化组合之中，有些意识是和谐、美妙而有用的。如果这些意识能触动数学家的审美直觉，就可立刻转变为数学家的有意识行为。

4. 能正确理解"数学的本质就在于它的自由"

德国数学家格奥尔格·康托尔曾经提出"数学的本质就在于它的自由"。他认为数学与其他学科的区别之一就在于它可以自由地创造自己的概念，也就是说数学想象可以自由自在地发挥。例如，要想在欧氏几何中建立起非欧几何的模型，这确实是难以想象的。但是克莱因、庞加莱和贝尔特拉米等数学家，利用数学想象的自由发展，巧妙地做了一些处理，结果就把非欧几何中那些看起来格格不入的空间关系，转换成了欧氏几何中的普通定理，并且也因此完成了对非欧几何理论相对相容性的证明。

第二节　数学思维能力及教学原则

一、数学思维能力

（一）具体形象思维能力

具体形象思维，是指脱离感知和动作而利用头脑中所保留的事物的形象进行的思维，它的特点是不能离开具体形象来进行思维活动。数学形象思维具有直观性、概括性和多面性等特征。直观性表现在思维的运行需要借助具体的形象（如几何图形、代数结构等）；概括性表现在思维运行时使用的材料往往是经过加工的具有一定概括性的数学形象；多面性则是相对逻辑思维而言的，逻辑思维按部就班，一步一个脚印，是线性的，而形象思维则是多角度、多侧面的，因而是面性的。

表象是思维的基本材料，实际的数学形象思维材料往往是在表象的基础上有所抽象、概括加工而成的数学形象，表象量越多，形象思维内容越丰富；表象质越好，形象思维结果越准确。随着数学知识领域的拓展和内容的不断抽象化，由表象形成的形象就成了更高层次的表象。例如，通过对函数图像的实践认识，学生积累了不少有关函数的形象，在此基础上，一笔画成的曲线就成了连续曲线的形象；没有尖点、角点等奇异点的连续曲线就成了可微函数的形象。几何直观是形象思维在数学中的重要表现形式。在传统数学领域，分析、代数、几何日益相互渗透，"几何直观"功不可没。德国哲学家康德如是说："缺乏概念的直观是空虚的，缺乏直观的概念是盲目的……"

"数形结合"的方法对提高学生的形象思维水平极为有效。"数形结合"表现为对问题的数学逻辑的表述和对问题的几何意义的综合考察，前者属于逻辑思维，后者属于形象思维。在思维实践活动中，二者相互交叉、相互制约，难以截然分开。因此，教师在教学活动中应重视让学生用形象思维寻找解决问题的突破口，用抽象思维对思维过程进行监控与调节。

（二）抽象思维能力

抽象思维，是指离开具体形象，运用概念、判断和推理等方法思考的思维形式。要培养这一思维能力，要求学生在取得感性认识材料的基础上，运用概念、判断和推理等理性认识形式对认识对象进行间接地、概括地反映。抽象思维是数学思维最显著的特征。在高等数学教材中，大部分概念（如导数、二重积分、曲线积分、曲面积分等）在引入时，都是从实例入手，抛开实际的意义抽象得出的。教师在教学中，可以很好地利用这一点，有意识地培养学生的抽象思维能力。例如，对二重积分进行定义时，一般的教材都先讨论两个具体实例。其中一个例子讨论的是曲顶柱体的体积，另一个例子讨论的是平面薄片的质量。尽管前者讨论的是几何量，后者讨论的是物理量，二者的实际意义截然不同，但它们的计算方法与步骤却是相同的，排除其具体内容（非本质属性），便得出了二重积分的概念。教师在讲授这一概念时，可以试着让学生自己去抽象出相同的数学结构。对不同内容进行多次分析，可以逐步培养和提高学生的抽象思维能力与概括能力，也可以使学生掌握从具体到抽象的学习原则。

（三）辩证思维能力

辩证思维，就是客观辩证法在人们思维中的反映。数学教育的重要目的之一在于培养学生的数学思维能力。辩证逻辑研究的是思维形式如何正确反映客观事物的运动变化、事物的内部矛盾、事物的有机联系和转化的问题。在数学思维中，辩证思维被认为是最活跃、最生动、最富有创造性的成分。在数学发展史上，许多重大的数学发现过程都具有辩证的特点。很难设想，一个缺乏辩证思维的人能创立微积分。可见辩证思维对数学的研究和发展及数学学习的重要性。作为变量数学的高等数学，蕴含着极其丰富的辩证思想。其内容的辩证性体现得非常典型和深刻，集中反映了辩证法在数学中的地位。所以，它是培养学生数学辩证思维能力的最优载体。高等数学是用全新的变化的观点去研究现实世界的空间形式和变量关系的，所以学生从学习常量数学到学习变量数学，在思维方法上是一个转折。突出高等数学的辩证法，有助于学生摆脱在初等数学学习中的静态思维方式的束缚，学会用辩证法分析问题，提高辩证思维的层次。例如，极限概念中"$\varepsilon - N$"定义的产生和形成过程，就带有辩证法的色彩。它的主要特点是用有限量来描述和刻画无限过程及有限到无限的矛盾转化过程。极限概念包含着非常深刻、丰富的辩证关系，特别是变与不变、近似与精确、有限与无限等。

矛盾的对立统一观点，是辩证法的核心，它在高等数学中的表现尤为突出。例如，极限值的得出就是变化过程与变化结果的对立统一；微分和积分刻画了变量连续变化过程中局部变化与整体变化之间的对立统一；还有"离散"与"连续"、"近似"与"精确"、"均匀"与"不均匀"等，都是矛盾对立统一的具体反映。高等数学中的许多概念也是多种矛盾的统一体，如"无穷小量"有零的特征但却不是零。

（四）创造性思维能力

创造性思维，即思维不仅能够揭示客观事物的本质及内在联系，还能够在此基础上产生新颖的、前所未有的思维成果。这一思维能力目标，是我们数学教育所追求的最高境界，是其他思维能力目标充分发展、突变、飞跃才能达到的终极目标，要求学生能对数学问题给出新的解决办法，或提出新的数学问题，创造新的数学理论。如学生能在复数数系的基础上提出新的数系，或能定义新的运算。应该指出的是，从创新的相对意义看，创造性思维是广义的，学生的数学创造性思维是"再发现"式的。

创造性思维能力的培养可以从以下几个方面进行。

1. 培养学生的聚合思维和发散思维

聚合思维在内容上具有求同性和专注性，发散思维在内容上具有变通性和开放性。每个人的思维都既有聚合性，又有发散性，聚合思维和发散思维是相辅相成的。在数学教育中，往往更强调对学生聚合思维的训练，而对学生发散思维的训练则较少关注。

事实上，由于高等数学教材的表述侧重聚合思维，所以教师要善于挖掘和选取数学问题中具有发散思维的素材，恰当地确定发散对象或选取发散点，以培养学生的发散思维。例如，在引入定积分概念时，教师在举出"求曲边梯形的面积"的实例时，引导学生分析其"分割、近似代替、求和、取极限"的数学思想方法后，启发学生联想"液体的静压力""物体转动惯量"等问题，并思考这些问题的共性，从而抽象出数学模型，给出定积分的定义。这就是一个聚合思维的过程。教师应进一步引导学生分析该思维成果，并应用它去解决类似的实际问题，以实现对学生发散思维能力的培养。

2. 培养分析思维和直觉思维能力

从辩证思维的角度看，分析思维与直觉思维是相互依赖、相互促进的。任何数学问题的解决和数学知识的发现都离不开分析思维，但是分析思维也有保守的一面，即在一定程度上缺乏灵活性与创造性，而这正是不严谨的直觉思维积极的一面。在教学中，教师可通过出示一组相近命题，引起学生的思维冲突，激活学生的思维，使其保持兴奋状态，发展学生的直觉思维。同时，教师应要求学生对猜想的结果进行严格论证，从而促进学生分析思维能力和直觉思维能力的提高。

3. 培养学生良好的数学思维品质

思维品质是思维发展水平的重要标志。它主要表现为思维的广阔性、深刻性、灵活性、独创性和批判性等五个方面，这五个方面既有各自的特点，又是互相联系、互相补充的。

二、培养数学思维能力的原则

（一）渗透性原则

第一，数学思维能力的培养离不开表层的数学知识，那种只重视讲授表层知识而不注重培养学生数学思维能力的教学是不完整的教学，它不利于学生真正理解和掌握所学的知识，只是使学生的知识水平永远停留在一个初级阶段，难以提高；另外，对学生数学思维能力的培养总是以表层知识教学为载体的，若单纯强调培养数学思维能力，就会使教学流于形式，成为无源之水、无本之木，学生的数学思维能力难以得到培养和提高。

第二，数学思维是一种复杂的心理现象，它体现为一种意识或观念。因此，它不是一朝一夕就可以形成的，要经过日积月累，长期渗透，才能形成。

第三，数学思维能力的培养主要是在具体的表层知识的教学过程中实现的。因此，要贯彻好渗透性原则，就要不断优化教学过程。比如概念的形成过程；公式、法则、性质、定理等结论的推导过程；解题方法的思考过程；知识的小结过程等。只有优化这些教学过程，数学思维才能充分展现它的活力。取消和压缩教学的思维过程，把数学教学看作表层知识结论的教学，就会失去培养学生数学思维能力的机会。以上三个方面，说明了贯彻以渗透性原则为主线的数学思维能力培养原则的重要性、必要性和可行性。

（二）反复性原则

一般来说，数学思维的形成有一个过程，学生通过具体的表层知识学习，以及经过多次反复的学习，在比较丰富的感性认识的基础上逐渐概括、形成理性认识，然后在应用中，对形成的数学思维方法进行验证和发展，加深理性认识。从较长的学习过程来看，学生经过多次反复的学习，能逐渐提高认识的层次，使认识层次从低级到高级螺旋上升。另外，与具体的表层知识相比，学生领会和掌握数学思维的情况有着较大的差异，所以在学习过程中具有较大的不同步性，只有贯彻反复性原则，才能使大多数学生的数学思维能力得到培养和提高。反复性原则和渗透性原则联系在一起就是要反复地渗透、螺旋式地上升。

例如，在积分教学中，需要反复渗透类比思维。高等数学中积分知识共有七大类：定积分、二重积分、三重积分、第一类曲线积分、第二类曲线积分、第一类曲面积分、第二类曲面积分，每类积分都有一套定义，但它们之间却有着十分密切的联系，而且有许多共性。比如，这七类积分概念的引入都要经过"引例（通常就是几何、物理意义）—定义—性质—运算"四个步骤，同时它们定义积分的过程也大致相同，都是按照"分割、近似求和、取极限"三个步骤下定义的，在讲其他类型的积分（本体）时，可用定积分概念（喻体）相互类比的方法启发学生给出定义，即首先由教师指出其他积分与定积分是类似的，然后引导学生通过类比定积分的定义来定义其他积分。这就能够教会学生如何去找类比的已知概念（喻体），又如何通过类比给出新概念（本体）的方法，进而使学生较好地掌握概念的本质。培养一种数学思维要通过多次反复的教学来实现，这一过程一般由孕育阶段、形成阶段和加深应用阶段组成。

（三）系统性原则

数学思维能力的培养与表层知识教学一样，只有成为系统，建立起自己的结构，才能充分发挥它的整体效能。当前，在数学思维能力培养中，一些教师的随意性较强。比如，在某个表层知识教学中，突出培养某种数学思维，对其他数学思维的培养则往往比较随意，缺乏系统性和科学性。尽管数学思维的系统性不如具体的数学表层知识那么严密，但进行系统性研究、掌握它们的内在结构、提高教学的科学性，还是很有必要的。系统研究数学思维培养，需要从两方面入手：一方面挖掘在每个具体的数学表层知识的教学中可以进行哪些数学思维的培养；另一方面研究一些重要的数学思维可以在哪些表层知识教学中进行渗透，从而在纵横两方面确立数学思维能力培养的教学系统。

（四）确定性原则

教师在学生数学思维能力的培养教学中，在贯彻渗透性、反复性和系统性原则的同时，还要注意遵循确定性原则。这是因为，只进行长期、反复、不明确的渗透，将会影响学生从感性认识到理性认识的飞跃，妨碍学生有意识地培养自己的数学思维能力。渗透性和明确性是数学思维能力培养辩证统一的两个方面，因此在反复渗透的过程中，利用适当机会，对某种数学思维进行概括、强化和提高，使它的内容、名称、规律以及运用方法明确化，是数学思维培养的又一个原则。当然，贯彻确定性原则势必要在数学表层知识教学中进行，但若处理不好这一原则就会干扰基础知识的教学。因此，我们在整个教学过程中，应当有计划、有步骤地贯彻确定性原则，尤其可以在章节小结中完成确定性的任务。另外，也要做到适度，对教材的内容和学生的实际，要有一个从浅到深、从不全面到较全面的过程。

第三节　培养学生良好的思维品质

一、培养思维的灵活性

思维的灵活性是指思维活动的灵活程度，主要表现为具有脱离习惯处理方法界限的能力，即一旦所给条件发生变化，便能改变先前的思维途径，找到新的解决问题的方法。思维的灵活性主要表现为随新的条件迅速确定解题方向，表现为从一种解题途径转向另一种途径的灵活，也表现为从已知数学关系中看出新的数学关系，从隐蔽的形式中分清实质的能力。

思维灵活性的反面是思维的呆板性，或称心理惰性。知识和经验经常被人们按着一定的、个人习惯的"现成途径"反复认识，从而产生了一种先入为主的印象。使人倾向某种具体的方式和方法，使人在解题的过程中总是遵循已知的规则系统即为思维的呆板性。思维呆板性是进行发明和创造性活动的极大障碍。思维呆板性是部分学生思维的特点，表现为片面强调解题模式，缺少应变能力。教师的主要任务是帮助学生克服思维呆板性消极的一面，及时地让他们了解新情况下的新解题途径。

（一）启发学生从多种角度思考问题

在教学过程中，可以用多种方法、从不同角度和不同途径去寻求问题的答案，用一题多解的方法来培养学生的数学思维能力，提高学生的思维灵活性。一题多解可以拓宽思路，增强知识间的联系，使学生学会从多角度思考解题的方法，形成灵活的思维方式。

（二）引入开放型习题

开放型习题由于没有现成的解题模式，解题时往往需要学生从不同的角度进行思考和探索，尽可能多地探究、寻找有关结论，并进行求解。开放型题目的引入，主要是为了引导学生从不同的角度思考问题。教师应该要求学生不仅要思考条件本身，还要思考条件之间的关系，要根据条件运用各种综合的、变换的手段来处理信息、探索结论。这样才有利于提高学生的思维灵活性，也有利于培养他们孜孜不倦的钻研精神和创造力。

（三）采用一题多变的教学方式

一题多变是题目结构的变式，具体是指变换题目的条件或结论，即变换题目的形式，而题目的实质不变。教师用这种方式进行教学，能使学生随时根据变化了的情况积极思索，迅速想出解决问题的办法。这样可以提高学生举一反三、触类旁通的能力，从而防止和消除思维的呆板和僵化，提高思维的灵活性。

二、培养思维的广阔性

思维的广阔性是指思路宽广，善于多角度、多层次地进行探求。在数学学习中，思维的广阔性表现为既能把握数学问题的整体，抓住它的基本特征，又能抓住重要的细节和特殊条件，开放思路。思维的广阔性的反面是思维的狭隘性，学生正是由于存在这种思维的狭隘性，常常跳不出条条框框的束缚，才会出现解题困难。

思维的广阔性还表现在不但能研究问题本身，还能研究其他的相关问题。教师可以从学生熟知的数学问题出发，提出若干富于探索性的新问题，让学生凭借他们已有的知识和技能，去探索这些数学问题的内在规律性，从而获得新的知识和技能，并开阔视野。在数学教学中，教师应鼓励学生广泛联想，积极思考，寻找多种解决问题的方法，训练学生的发散思维，培养学生思维的广阔性。

三、培养思维的批判性

思维的批判性，就是指思维活动中严格地估计思维材料和精细地检查思维过程的智力品质，它是思维过程中自我意识作用的结果。思维的批判性表现为：有能力评价解题思路选择得是否正确，以及评价这种思路导致的结果；愿意检验已经得到的或正在得到的粗略结果，以及对归纳、分析和直觉的推理过程进行检验；善于找出和改正自己的错误，重新计算和思考，找出问题所在；不迷信教师和课本，凡事都要经过自己思考，然后再做出判断。

（一）培养学生的质疑精神

教师在数学教学中要鼓励学生敢于大胆质疑，敢于发表自己的观点和看法，而不是"人云亦云"。数学史上有许多这样的例子，如：一个三棱锥和一个四棱锥，棱长都相等，将它们的一个侧面重合后，还有几个暴露的面？这是美国1982年有八十三万人参加的大中学生数学竞赛的一道试题。命题专家和绝大多数的考生都认为正确的答案是七个面，但是佛罗里达州的一名考生丹尼尔的答案是五个面，他的结果立即被评卷委员会否定。然而丹尼尔并没有被权威压倒。他坚持自己的信念，做了一个模型以印证其结果的正确性，并给出了证明。最后，数学专家不得不承认他的答案是正确的。这个学生敢于挑战权威的优良品质受到人们的一致称赞，他的这种敢于质疑权威的精神值得我们大力提倡。我们在数学教学中要重视对学生思维批判性的培养，要给学生创设尽可能宽松的学习氛围，让学生有勇气、有机会提出自己的不同意见，从而培养他们的质疑精神。

（二）提高学生的识别能力

许多数学题目中都有着隐含条件，这种条件只有经过深入的分析才能被发现，挖掘隐含条件是培养学生批判性思维的重要途径。教师应引导学生在辨析题目的过程中，把握问题的本质，挖掘题目中的隐含条件，从而提高学生的识别能力。学生的学习过程，其实就是不断辨析和更新自己头脑中的知识结构的本质的过程。而且，这样的教学比正面讲授的效果要好得多，在潜移默化中就能培养学生思维的批判性。

（三）提高学生的自我评价能力

一堂好课，不在于学生没有出现错误，而在于教师要确立学生在课堂教学中的主体地位，这就要求教师善于抓住时机启迪学生思维，纠正学生在概念上的理解错误和习题上的解题错误，从而纠正学生头脑中知识结构上的错误。在纠错的过程中，教师不能替学生做决定，而是要引导学生自己纠错，自己寻找致错根源。

（四）培养学生反驳问题的能力

对一些似是而非的问题，培养学生从反驳的角度来考虑问题不失为一个很好的办法。反驳是数学创造性思维、批判性思维的重要组成部分。要培养学生的反驳能力，提出反例无疑是一种很好的方法，因为反例在数学发展中和证明中一样占有重要的地位，是否定谬误的有力武器。

总之，学生思维品质的各个方面是一个有机的整体，它们是彼此联系、相互渗透、不可分割的。培养学生良好的思维品质是一项艰巨而复杂的任务，不可能立竿见影。在平时的数学教学中，教师应充分利用不同题型和不同方法，培养学生的思维品质。同时，要想真正有效地提高学生的思维品质，教师在教学中还要通过积极的教育和引导，培养学生坚毅顽强的钻研力、对比筛选的分析能力、专注持久的注意力、丰富大胆的想象力以及破旧立新的创造力等。教师要注意从基础抓起，着重培养学生的形象思维能力和逻辑思维能力；不断地更新教学观念，改进教学方法，优化教学过程，创设思维情境，加强思维训练，积极摸索规律，认真总结经验。

第四节　培养学生数学思维能力的教学策略

培养高校学生数学思维能力是教育学、心理学中一个十分重要的问题，受到了许多学者的极大重视。同时，培养并发展学生的数学思维能力是数学教育目标中最根本的一项。我们应分析和探讨学生在数学学习中的心理学基础，弄清数学思维的心理根源，把握它的心理本质，从而努力提高学生的思维水平。这是因为，随着知识经济社会的发展，个人的思维能力、创新能力在个人发展、社会发展中的作用越来越重要。如今社会变化速度越来越快，经济发展的趋势从产业经济向知识经济转化，制造业的工作人员的数量在不断减少，而企业对新类型的工作人员的需求却在不断增加。这种新类型的工作人员被称作"知识工人"或"符号分析员"。他们必须具备较高的思维素质，能够处理复杂的观念与符号，有效地获取和分析信息，并能够保持足够的灵活性以适应不断变化的环境和终身学习的需要。对一个国家来说，大量的有知识、能独立思考的公民是最有价值的财富。对个人而言，较高的思维素质是获得好的工作职位和高收入的保证。因此，在高校数学教学中，教师应重视学生思维能力的培养，努力发展学生的思维能力。

一、培养学生的自学能力

21 世纪是一个知识更新极快的时代，在学校学习到的知识并不能使学生自如地应对将来的挑战，所以自学能力的培养和提高是教育的一个重要环节。在高等教育阶段，培养学生独立地发现问题、思考问题和解决问题的能力，是一项十分艰巨的任务。在数学教学中培养自学能力，可以促使学生由"学会"变为"会学"再到"会用"，最后到"会创造"，是对学生终身能力的培养。教师在数学教学中可采用以下方式提高学生的自学能力。

（一）做好预习

由教材入手，引导学生课前预习。让学生在课前弄清教师将要讲的内容，比如哪些内容已清楚，哪些内容不明白，不明白的地方在教师讲的时候要重点听，这样的预习才有针对性，效果才会好。坚持不懈搞好课前预习，有助于学生自学能力的提高。

（二）作业独立完成

作业是对课堂所教知识的复习、再现和消化吸收。学生只有在理解知识的前提下，独立思考并完成作业，才能使知识得到巩固和补充，变书本知识为自己的知识。如果解题时遇到困难，学生要学会查阅资料，学会从不同角度考虑问题。这样才能锻炼自己的独立思考能力，自学能力也自然会得到提高。

（三）一题多解

解题时尽可能做到一题多解，从不同的角度考察各知识点的联系和运用。教师应注意汇集和选择典型例题、习题，用以加强对学生解题能力的训练，帮助学生形成多向联系的知识网络，从而提高学生的自学能力。

二、充分利用课堂教学

数学知识是数学思维活动升华的结果，整个数学教学过程就是数学思维活动的过程。因此，课堂教学作为学校教学的基本形式，在各种教学环节中始终占据主导地位，有着不可忽视的优点和作用。为了发挥课堂教学在发展学生思维能力方面的作用，高校数学教师要深入钻研教材内容，运用最优化的教学方法，做到理论联系实际，不断增强课堂教学的效果。具体来说，可以从以下几个方面去做。

（一）对数学思维本身有明确的认识

长期以来，数学教学过分地强调逻辑思维，特别是演绎逻辑的培养，因而导致了教师只注重培养学生"再现性的思维""总结性思维"等严重弊病。因此，为了发展学生的创造性思维，高校数学教师必须打破传统数学教学中把数学思维单纯地理解成逻辑思维的旧观念，把直觉、想象、顿悟等非逻辑思维也作为数学思维的组成部分。只有这样，数学教育才能不仅赋予学生"再现性思维"，更重要的是还能赋予学生"创造性思维"。这里应该注意，为了不使学生对"创造性思维"望而生畏，应明确地给他们指出：不只是那些大的发明或创造才需要创造性思维，在用数学解决实际问题及证明数学定理时，凡是简捷的过程、巧妙的方法等都属于创造性思维的范畴。

（二）数学概念教学培养数学思维能力

进行数学概念教学，首先需要教师认识概念引入的必要性，创设思维情境及对感性材料进行分析、抽象、概括。比如为什么要学习定积分，引入定积分概念的办法为什么是这样的，这样做的合理性是什么，这种做法又是如何出现的，等等。也就是说，学习数学概念的目标，不仅是要解决"是什么"的问题，更重要的是要解决"是怎样想到的"的问题，以及有了这个概念之后，又该如何建立和发展理论的问题。总的来说，就是教师首先要将概念的来龙去脉和历史背景讲清楚。

其次，就是对数学概念的理解过程，这是一个复杂的数学思维活动的过程。理解概念是更高层次的认识，是对新知识的加工，也是对旧的思维系统的应用，同时又是建立和调整新的思维系统的过程。为了使学生正确而有效地理解数学概念，教师在创设思维情境、激发学生学习动机和兴趣以后，还要进一步引导学生对概念的定义进行分析，明确概念的内涵和外延，在此基础上继续启发学生归纳或概括出这一概念的一些基本性质及应用范围等。例如，在讲授定积分的概念时，教师可以先在黑板上画出几个规则的图形（如三角形、平行四边形、矩形等），让学生回答这些图形的面积计算公式；然后画出一个不规则的图形，同样让学生思考这个图形的面积的计算办法。这时，若学生回答不出来，教师可以适时地引导学生将不规则图形分割成曲边梯形，最后就可以将本节课要解决的问题归纳为"如何求曲边梯形的面积"。对求曲边梯形的面积的问题，教师可以引导学生通过"分割""近似代替""求和""取极限"四个步骤来解决，然后再给学生讲授变速直线运动的路程的计算问题，让学生在对两者的计算方法与步骤进行比较的基础上学习定积分的性质、计算方法及应用方式。总之，在数学概念形成的过程中，教师既要培养学生的创造性思维能力，又要使他们学到科学的研究方法。

最后还应指出，概念教学的主要目的之一在于应用概念解决问题。因此，教师还应阐明数学概念及其特性在实践中是如何应用的。例如，用指数函数表示物质的衰变特征，用三角函数表示事物的周期运动特征等。从应用概念的角度来看，数学概念教学不应局限于让学生获得概念的共同本质特征和引入概念的定义，还要让学生学会将客体纳入概念的本领，即掌握判断客体是否隶属于概念的能力。教育心理学研究表明，从应用抽象概念向具体的实际情境过渡时，学生一般会遇到较大困难，因为这时要用到抽象的逻辑思维，更要借助形象的非逻辑思维。

综上所述，数学概念教学在引入、理解、深化、应用等各个阶段都伴随着重要的创造性思维活动，因而都能达到培养学生数学思维能力的目的。

（三）讲授知识的同时抓住知识之间的联系

"学而不思则罔，思而不学则殆。"思维是以知识为基础的，如果教师只是传授知识，而不注意说明它们之间的联系，那么学生所学的知识就像一盘散沙，杂乱无章。为使所学的知识结构化和系统化，"思"和"学"必须紧密结合。为此，教师在传授知识的同时，必须紧紧抓住知识之间的联系，对学生进行思维训练，使他们能够运用所学知识举一反三。如在《高等数学》中，极限是整个高等数学的基础。连续、导数、定积分、偏导数、重积分、曲线积分、曲面积分和无穷级数等，均建立在极限的基础之上。

教师在讲授这些知识的时候，应注意引导学生抓住知识之间的内在联系，从而使学生学到的知识得以结构化和系统化，这将有助于培养学生的数学思维能力。

（四）授课语言要求准确严密

思维是有意识的头脑对客观世界的反映，而且思维过程是不可见的，但思维的过程、结果是可以用语言等手段间接显示的。可以说，语言是思想的直接体现，思维的实际性表现在语言之中。无论是人类思维的产生，还是人类思维活动的实现以及思维成果的表达都离不开语言。在抽象思维中，概念离不开词语，判断和推理离不开句子。

课堂教学中的信息传递主要是通过语言实现的。准确、严密地运用课堂语言是完成课堂教学任务的决定因素，对培养、开发和发展大学生的数学思维能力也大有好处。教师的讲述、学生对问题的回答，都应具有完整性、条理性和严密性。

三、培养学生的创造性思维

创造性思维是指人们对事物之间的联系进行的前所未有的思考。创造性思维不但能深刻揭示事物的本质和规律的主要思维形式，而且能产生独特的、新颖的思想和结果。创造性思维是一种十分复杂的心理和智能活动。在高等数学教学中，教师可以从以下五个方面着手，培养学生的创造性思维。

（一）引导学生提出问题和发现问题

提出问题和发现问题是一个重要的思维环节。爱因斯坦说过："提出一个问题往往比解决一个问题更重要。"发现科学的第一个重要环节是发现问题。因此，引导和鼓励学生提出问题和发现问题是很有意义的。即使经过检验发现这个问题是错误的，但这个过程对学生思维的训练也是有益的。

（二）采用启发式的教学方式

培养创造性思维的核心是启发学生积极思考，引导学生主动获取知识，培养学生分析问题和解决问题的能力。比如，对数学中的问题或习题，教师主要应引导学生如何去想，从哪方面去想，从哪方面入手，怎样解决问题。

（三）鼓励学生大胆猜想

美籍匈牙利数学家波利亚在《数学的发现》一书中曾指出："在你证明一个数学定理之前，你必须猜想出这个定理；在你搞清楚证明细节之前，你必须猜想出证明的主导思想。"猜想，是一种领悟事物内部联系的直觉思维，常常是证明与计算的先导。猜想的东西不一定是真实的，其真实性最后还要靠逻辑或实践来验证，但它蕴含着极大的创造性。在高等数学教学中，教师要鼓励学生大胆猜想，从简单的、直观的、特殊的结论入手，根据数形对应关系或已有的知识，进行主观猜测或判断，或者将简单的结果进行延伸、扩充，从而得出一般性的结论。

（四）训练学生的发散思维

发散思维是根据已知信息寻求多种解决方案的思维方式，即不墨守成规，从多方向思考，然后从多个方面提出新假设或寻求各种可能的正确答案。发散思维是创造性思维的主导成分。因此，在高等数学教学中，教师应采用各种方式对学生进行发散性思维能力培养。比如，教师在讲课时，对同一问题可用不同方法进行多方位讲解或给出不同解法；在总结知识时，可以从不同的角度进行总结概括。

（五）充分利用逆向思维

逆向思维是与习惯思维相对的另一种思维方式，其基本特点是：从已有思路的反方向去思考问题。如前文所说的，顺推不行，就考虑逆推；直接解决不行，就想办法间接解决；正命题研究过后，研究逆命题；探讨可能性遇到困难时，就考虑探讨不可能性。这样的思维有利于学生克服思维习惯的保守性，往往能产生一些意想不到的效果，从而促进学生数学创造性思维的发展。培养学生的逆向思维可从以下几个方面去做：第一，注意阐述定义的可逆性；第二，注意公式的逆用，逆用公式和顺用公式同等重要；第三，对问题的常规提法与推断方式进行反方向思考；第四，注意解题中的可逆性原则，如正面解题受阻时，可逆向思考。

四、培养学生积极的数学态度

高等数学的教学内容不仅仅是数学知识，还应包括对数学的精神、思想和方法的学习与领悟、数学思维方式的形成、对数学的美学欣赏、对数学的兴趣以及对数学产生的文化价值的认识。这些都属于对数学的态度。态度是指影响个体行为选择的心理状态，积极而正确的数学态度有利于学生数学思维能力的培养。

（一）数学态度包含的内容

1. 对数学学科的认识

对数学学科的认识，也可称作数学观或数学信念。当我们向学习过数学的人提出"什么是数学"的问题时，他的回答就代表他的数学观。大学生对数学学科的认识一般停留在"数学就是逻辑、数学就是计算与推理、数学是思维的体操、数学是一种工具、数学就是一大堆定理和公式、数学就是解题等"这个层次。教师应通过高等数学教学，让他们对数学学科的认识上升到"数学是一种科学的语言、数学是一种思想、数学是一种理性的艺术、数学是一种文化"的更高层次。

2. 对数学美的欣赏以及对数学中辩证思想的感受与认识

对数学的简洁美、和谐美、统一美、奇异美的认识；对高等数学中的有限与无限、常量与变量、曲与直、精确与近似等矛盾对立统一体的辩证认识，实际上就是对数学的哲学认识。恩格斯认为："微积分，本质上不外是辩证法在数学方面的运用。"这不仅仅是哲学家的思考，更能代表恩格斯对数学的情感体验。接受数学教育的学生不一定有这么高深的认识，但形成有关这方面的一些初步认识这一目标还是可以达到的。这种学习结果不仅仅体现在欣赏与感受上，还体现在对个体的思维方式的影响上，并能扩展到其他领域中去，对学习和研究都有很大的意义。比如，一些数学家对某些定理的推广研究，很多时候就是按美学原则进行的。

3. 对数学的兴趣

大学生对思维的对象是否感兴趣是思维能力培养能否成功的重要因素。一个人如果对自己研究的对象缺乏兴趣，那么让他在自己所研究的领域进行创造性的思维活动几乎是不可能的，因为他丧失了进行创造的动力机制。爱因斯坦说过："在我们之外有一个巨大的世界，它离开我们人类而独立存在。它在我们面前就像一个伟大而永恒的谜……对这个世界的凝视和深思，就像得到解放一样吸引着我们，而且我不久就注意到，许多我们尊敬和敬佩的人，在专业从事这项事业的过程中，都找到了内心的自由和安宁。"显然，兴趣是思维的动力。

4. 持之以恒的精神

持之以恒，永不放弃，对获得学术成功是十分重要的。思维是一项艰苦的活动，只有努力坚持才会有回报。有些学生一碰到困难任务就退缩，没有开始就败下阵来，有些则半途而废。研究发现在数学方面，学优生和学困生的差异可直接归因于坚持时间的长短。学困生认为，如果一个问题不能在十分钟内得到解决，自己就可能会放弃；而学优生则会坚持下去，直到解决问题为止。不管一个人有多高的天分，也不管他对自己的思维对象怀有多么强烈的兴趣，如果他是浮躁的、缺乏意志力的，他就不会把自己的注意力锲而不舍地集中在自己的思维对象上。思考是一件极其艰辛的劳动，没有顽强的意志力是什么也干不成的。中国当代数学家陈景润说过："做研究就像登山，很多人沿着一条山路爬上去到了最高点就满足了。可我常常要试九至十条山路，然后比较哪条山路爬得最高。凡是别人走过的路，我都试过了，所以我知道每条路能爬多高。"

5. 正确看待错误

每个人都会犯错，关键是怎样对待自己所犯的错误。有的人能够从错误中学习，通过反思了解什么地方出了错，哪些因素导致了错误，发现并抛弃无效的策略，以改善思维的过程。认真研读前人的著作，特别是读具有原创思维的大思想家的著作是认识和矫正错误的一个好方法。只有不断地与具有原创思维的一流的思想家、科学家对话，才能锻炼我们的思维，激发我们的创造热情。

6. 有合作精神

合作精神是我们这个时代必需的，一个没有合作精神的人是很难取得较大成功的。一个优秀的思考者应具备较高水平的沟通和交流技巧，善于听取别人的意见来调节自己的思路，互助互让并达成一致的品质。如果没有合作精神，即使是最伟大的思想家也难以把思想变为行动。

（二）转变学生的数学态度

数学态度就是数学教学过程中情感体验的结果，它在每一节课中发生，又在一定阶段得到提升与沉淀。首先，高等数学教师在做教学设计时，要把数学态度列入教学方案；其次，要看到许多学生在学习高等数学之前已形成了消极的数学态度，这势必会影响其对高等数学的学习。所以，教师要帮助这些学生扭转消极的情绪与认识，使他们逐渐形成积极的数学态度，提高学习的自信心。为此，高等数学教师要做到以下几点。

1. 加强学习，提高自身素质

很多教师有较高的学历，对数学有自身的情感体验，但要想帮助学生在高等数学学习中形成积极的数学态度，还应该进一步提高自身的数学教育素质。一方面要多读一些与数学史、数学哲学、数学方法论、辩证法以及与美学有关的书籍；另一方面，还应加强对教育理论的学习，更新教育观念，以现代教育理念设计每一堂课，营造和谐、平等、民主、快乐的高等数学课堂氛围，把教学过程看作教师与学生交流的过程。这样的学习氛围对缓解学生的压力，避免数学学习焦虑的产生，进而得到愉悦的情感体验，形成良好的数学态度都是大有益处的。

2. 以积极的数学态度引领学生形成稳定、积极的数学态度

要想引领学生形成稳定、积极的数学态度，就要求教师每一堂课都能以对数学的无限热爱、对数学美的无限欣赏以及对数学无限崇敬的精神状态出现在学生面前。教师对数学的这种积极情感必定会感染学生，使他们对数学产生极大的兴趣，从而喜欢数学、热爱数学、增强学习数学的信心。这样一来，学生在每一堂课上得到的情感体验就会逐渐地稳定下来，并对他们后续的学习产生积极的影响。如果教师能够以积极的数学态度经常影响学生，并在具体的教学内容上将这

种积极的态度体现出来，就会使这种积极的态度在学生的思维中扎根，促使他们形成稳定、积极的数学态度。

3. 全方位、多角度促进学生形成积极的数学态度

虽然课堂是素质教育的主战场，是良好的数学态度形成的主要渠道，但由于一部分学生在应试教育以及其他因素的影响下，已经形成了相对稳定的消极的数学态度。所以，要扭转这部分学生的数学态度，单靠课堂教学是难以做到的。教师应全方位、多角度地想办法，以促成学生形成积极的数学态度。比如课下访谈、组织课下学习小组、结对子等办法。此外，高等数学的课时非常紧张，涉及数学史与数学家传记的内容在课堂上不能占用过多的时间，因此教师可在课前或课后布置与教学内容相关的阅读作业，以增强学生学习高等数学的兴趣，进而取得良好的教学效果。

第七章

高校数学应用意识的培养

第一节　数学应用意识概述

一、数学应用意识的界定

（一）意识的含义

意识是人所特有的心理现象，但心理学家对意识至今尚无一个统一的定义。本文引用我国心理学教授潘菽对意识所下的定义，即意识就是认识。具体地说，一个人在某一时刻的意识就是这个人在那个时刻，在生活实践中对某些客观事物的感觉、知觉、想象和思维等的全部认识活动。如果一个人只有感觉和知觉而没有思维方面的认识活动，那他就不会有意识。例如，我们听到了呼唤声，在心理上可能会有两种反应：一是我们只是听到了一种声音，由于当时正集中精力从事某种工作，并未理会这是一种什么声音，因而可能"听而不闻"；另一种情况是，我们不但听到了声音，而且还知道这种声音是对自己的呼唤，并且做出相应的应答。在前一种情况下，虽然我们有某种感觉，但不能说我们是有意识的。只有在第二种情况下，才能说我们是有意识的。

（二）数学应用意识的内涵

数学应用意识在本质上就是一种认识活动，是主体主动从数学的角度观察事物、阐述现象、分析问题，用数学的语言、知识、思想方法描述、理解和解决各种问题的心理倾向。

二、培养学生数学应用意识的必要性

（一）改善数学教育现状的需要

我国的数学教育在培养社会所需人才方面有重要的作用，如在促进学生智力的发展上，数学科学就显示出了其他自然科学无法比拟的优势。"数学是思维的体操""数学是智力的磨砺石"的观点已被公认。但是，我国目前的数学教育现状已不能适应人才市场的需求，主要反映为在课程安排上片面强调学科的传统体系，忽视相关学科的综合和创新，教学模式陈旧，课程内容缺少与"生活经验、社会实际"的联系，没有很好地体现数学的背景和应用性；教学过程中重知识灌输、轻实践能力的状况仍很普遍，对学生应用能力的培养以及创新精神、创业能力的培养重视不够。中国高校学生数学学习的症结在于：强于基础，弱于创造；强于答卷，弱于动手。造成这种情况的原因有多个方面，其中一点就是人们对数学价值的认识太过单一，至今还有很多人只把数学看作一种逻辑思维。

数学意识是判断一个学生是否具备数学素质的首要条件，它包含学生应用数学的意识。数学教师必须有一种危机感，在教学中应切实贯彻培养学生的数学应用意识的原则。

（二）适应数学内涵的变革

从古希腊开始，纯粹数学一直占据数学科学的核心地位，它主要研究事物的量的关系和空间形式，以追求概念的抽象与严谨、命题的简洁与完美作为数学真谛。20世纪以后，这种状况发生了根本改变，数学以空前的广度与深度向其他科学技术和人类知识领域渗透，再加上电子计算机的普及，使得数学的应用突破了传统的范围，正在向包括从粒子物理到生命科学、从航空技术到地质勘探在内的一切科技领域进军，乃至向人类几乎所有的知识领域渗透。这一切都证明数学本身的性质正在经历一场脱胎换骨的变革，人们对"数学是什么"有了新的认识，即从某种意义上说，数学的抽象性、逻辑性是对数学内部而言的，数学的应用性是对数学外部而言的。人类认识与理解宇宙世界的变化，显然应该从同一核心出发向两个方向（数学的内部和数学的外部）前进。因此，数学教育应该培养学生的应用意识，改变数学教育只重视发展需要的倾向。

（三）促进建构主义学习观的形成

建构主义学习观认为，数学学习并不是对外部信息的被动接受，而是一个以学习者已有的知识与经验为基础的主动建构思维的过程。建构理论强调认识主体内在的思维建构活动，与素质教育重视人的发展的精神是一致的。现今的数学教育改革，以建构主义理论为指导，强调数学学习的主动性、建构性、累积性、顺应性和社会性。其中，前四条性质受认知主体的影响较大，而社会性是指主体的建构活动必然要受外部环境的制约和影响，特别是要受学生生活的社会环境的影响。随着科学技术的飞速发展，学生的生活环境、社会环境与过去相比发生了较大的变化。科学技术的发展使学生的生活质量普遍提高。同时，报纸、杂志、电视、广播及计算机网络等多种大众媒体的普及，扩大了学生获得信息的渠道，开阔了学生的视野，丰富了学生的经验和文化。因此，数学教育的改革不应忽视这些对学生发展有重要影响的因素。

数学的发展，特别是应用数学的发展，使我们感受到数学与现实生活之间存在着紧密的联系。因此，在数学教学中适当增加数学实际应用的内容，有利于激发学生的学习动机，提高他们学习的主动性和积极性。学生通过对现实生活中的现象与事物的观察、试验、归纳、类比以及概括来积累学习数学的事实材料，并由事实材料抽象出概念体系，进而建立起对数学理论的认识。当然，其中也包含了探索数学理论是如何应用的过程。这样的学习过程，才符合建构主义对学习的认识。

（四）推动我国数学应用教育的发展

我国数学应用教育的发展在历史上一波三折。原来的教学大纲虽然在一定程度上反映了重视数学应用的思想，但实际上还是把着眼点放在培养"三大能力"

上，特别是逻辑思维能力上。随着社会对数学能力需求的变化，数学应用教育培养学生的侧重点也有所改变。因此，帮助广大接受数学教育的人在学习数学知识和技能的同时，树立应用数学的意识是数学教育改革的宗旨。正如曾任北京师范大学教授的严士健所说："学数学不是只为升学，要让他们认识到数学本身是有用的，让他们碰到问题时能想一想：能否用数学解决问题，即应培养学生的应用意识，无应用本领也要有应用意识，有无应用意识是不一样的，有应用意识的人遇到问题就会想办法，工具不够就去查。"

第二节　影响数学应用意识培养的因素剖析

一、教师的数学观

很多研究表明，课程与教材的内容、教育思想等都会影响教师的数学观，而教师的数学观又与其课程教学内容有着密切的联系。教师在不同的数学观的作用下会营造出不同的学习环境，从而影响学生的数学观以及学习结果。在传统数学教学中，教师把数学看成一个与逻辑有关的、有严谨体系的、关于图形和数量精确运算的一门学科，于是学生体验到的数学就是一大堆法则的集合。解决数学问题的方法便是代入适当的法则，然后得出答案。尽管教师一致强调数学与社会实践以及与日常生活之间的联系，但把在日常生活中有广泛应用的数学知识，如估算、记录、观察、数学决定等方面的知识看成与数学无关的内容。

教师在教学实践中对数学应用存在以下认识，如将应用数学等同于会解数学应用题，把数学应用固化为一种绝对的静态的模式。事实上，数学应用题是实际问题经过抽象提炼、形式化、重新处理以后得出的带有明显特殊性的数学问题，它仅仅是学生了解数学的一个窗口，是数学应用的一个阶段。如果把数学应用囿于让学生学会解决各种类型的数学应用题，那数学应用就会沦为一种僵化的解题训练，从而失去鲜活的色彩。教师应该清楚地认识到，对同一个问题，应用不同的数学知识和方法可能得出不同的结论，从数学观点来看它们都是正确的，哪一个结论更符合实际要靠实践检验，它是一个可控的、动态的思维过程。因此，我们强调数学应用，绝不是搞实用主义，忽视数学知识的学习，而是注重在应用中学，在学中应用，体现"源于生活，寓于生活，用于生活"的数学观。部分教师之所以会对数学应用存在这样的片面认识，是因为他们所持的数学观是静态的、绝对主义的和工具主义的。

二、学生的数学观

数学观是人们对数学的本质、数学思想及数学与周围世界的联系的根本看法和认识。有什么样的世界观就会有什么样的方法论。一个人的数学观支配着他从事数学活动的方式，决定着他用数学处理实际问题的能力，影响着他对数学乃至整个世界的看法。因此，关注学生的数学观，是为了让教师认识到，从建立学生良好数学观的角度出发来设计教学活动，才能谈得上培养学生的数学应用意识。高校学生至少应具备如下的数学观：数学与客观世界有密切的联系；数学有广泛的应用；数学是一门反映理性主义、思维方法、美学思想并通过对数与形的研究揭示客观世界和谐美、统一美的规律的学科；数学是在探索、发现的过程中不断发展变化的，它是一门包含尝试、错误、改正与改进等学习过程的学科。

把数学等同于计算。在我国数学史上，有关算术和代数的成果比几何要多，即便是几何研究，也偏重计算。反映在教材上，无论是小学教材，还是中学教材，或是大学教材，数学计算内容远多于数学证明内容。

把数学看成一堆概念和法则的集合。教师在教学中多采用精讲多练的方式，把注意力更多地放在做题上。久而久之，学生因看不到或很少看到概念与概念之间、法则与法则之间、概念与法则之间、章节之间、科目之间存在着深刻的内在联系，从而对数学的应用产生上述误解，也就难以体会到数学的威力、魅力和价值。

对数学问题的观念呆板化。现有资料给学生提供的数学问题，如教科书上的练习题、复习题，或者考试题，都是常规的数学题，都有确定的或唯一的答案，学生较少遇到应用题。即使遇到，这些应用题大多也已经过教师的"解剖"

而转化为可识别的或固定的一种题型。

学生看不到或很少看到活生生的数学问题。现实生活中存在着丰富多彩的与数学相关的问题，然而由于各种原因，它们与学生的数学世界隔离开来。多数学生对这些问题认识肤浅，甚至没有认识，从而严重影响了学生数学应用意识的形成。

三、教学方法存在问题

受多种因素的共同影响，传统的数学教育既不讲数学是怎么来的，也不讲数学怎么用，而是"掐头去尾烧中段"，直接讲推理演算。过去的教学方法主要是"注入式"的，现在虽提倡并部分实施"启发式"的教学方法，也不过是精讲多练；教学中强调学生对数学概念的理解以及数学定理、公式的证明和推导，对各种题型进行一招一式的训练，注重学生对知识和解题技巧的记忆和模仿，而忽视了从实际出发的教学要求；对应用题教学，忽视有计划、有针对性的训练，不能把应用意识的培养落实到平时的教学及每一个教学环节之中。

任何数学知识都有其发生和发展的过程，教学过程中的"掐头去尾"实际上剥夺了学生理解"数学真实的一面"的机会，导致学生对数学的认识狭隘、片面。题型的训练在短期内会取得一定的效果，但长期如此，学生很难体会到学习数学真正有用的东西——数学思想。这种教学只能将学生培养成考试的"工具"，而不可能培养学生强烈的数学应用意识。

第三节　培养学生数学应用意识的教学策略

一、教师要确立正确的数学观

前面探讨了影响学生数学应用意识培养的因素，从表面上看，教师对数学应用认识的误区，学生对数学应用的片面认识，以及教材、传统教学方法的不足等都是教学实践中培养学生数学应用意识的障碍。然而，如果从数学认识的角度出发看这些原因，不难发现矛盾集中在教师对数学的认识上。若教师持有的是静态的数学观，其对"数学应用"的认识则存在明显的不足，教师在这种数学观的指导下设计的有关数学应用的教学活动，就不能很好地达到培养学生数学应用意识的目的。

学生的数学观是在其参与数学学习活动的过程中形成的，受教育的各种因素的影响和作用，其中主要影响因素是课堂教学中教师的数学观。教师的数学观是教师实施数学教育活动的灵魂，它不仅影响着学生数学观的形成，还影响着教师教育观的重构及教师的教育态度和教育行为，进而影响教育的效果。如果教师认为数学是"计算＋推理"的科学，那么他在教学中就会严守数学知识本身的逻辑体系，只会更多地注重数学知识的传授，强调培养学生的运算能力、逻辑思维能力和空间想象能力，而不去关心数学知识的学习过程及数学应用问题。

是否应该强调数学应用，如何讲数学应用，这里有个观念问题。我国历来是重视理论联系实际的，数学教材里也设置了一定数量的实际应用题。但在教学实践中却出现了只把它们当作专项题型来练习的现象。数学应用不应局限在给出数据、套公式这种形式的应用，它应该包含知识、方法、思想的应用及数学应用意识。在这样的观念下，我们有必要认识与数学应用相关的几个问题：

（一）允许非形式化

形式化是数学的基本特征，即应在数学教学中努力体现数学的严谨化推理和演绎化证明的重要性。然而在建立每一个数学概念、发现每一个定理的过程中，非形式化手段都是必不可少的。但由于人们看到的通常都是数学成果，且它们主要表现为逻辑推理，所以人们往往会忽视推导的艰难历程以及在此过程中使用的非逻辑、非理性的手段。再加上传统教学"掐头去尾烧中段"的特点，恰好忽略了此过程，忽略了学生在教学中在有关实验、直观推理、形象思维等方面的体验，使得学生对数学只知其一不知其二。在数学的实际应用中，处理的具体问题往往以"非形式化"的方式呈现。因此，要想培养学生的数学应用意识，必须改变把形式化看成数学的灵魂这一观念。教师应正确理解数学理论，即形式化的理论只是相应的数学活动的最终产物。数学活动本身必然包含非形式化的成分。

教师在数学概念教学中，应考虑对数学概念的直观背景的陈述以及数学直觉的应用。"不要把生动活泼的观念淹没在形式演绎的海洋里""非形式化的数学也是数学"，数学教学要从实际出发，从问题出发，对概念类知识进行讲述，最后落实到应用层面。

（二）强调数学思想、观念、精神等方面的应用

教学中所讲的数学应用，侧重把数学作为工具，用于解决那些可数学化的实际问题。事实上，数学中蕴含的组织化精神、统一建设精神、定量化思想、函数思想、系统观念、试验、猜测、模型化、合情推理、系统分析等，都在人们的社会活动中有着广泛的应用。对数学应用的正确认识，必然包括一点：数学应用不是"应用数学"，也不是"应用数学的应用"；不是"数学应用题"，也不是简单的"理论联系实际"；而是一种通识、一种观点、一种意识、一种态度、一种能力，包括运用数学的语言、数学的结论、数学的思想、数学的方法、数学的观念、数学的精神等。

要在数学应用问题的教学中显示出数学活动的特征，教师的数学观就显得尤为重要。如果教师对数学有以下认识："数学的主要内容是运算""数学是有组织的、封闭的演绎体系，其中包含相互联系的各种结构与真理""数学是一个工具箱，由各种事实、规则与技能累积而成，数学是一些互不相关但都有用的规则与事实的集合"，那么任何生动活泼的数学教学活动都会变成静态的解题式训练。为了应付考试，数学应用题教学已变成题型教学。如果教师能认识到"数学是以问题为主导和核心的一个连续发展的学科，这些问题在发展过程中，生成了各种模式，并被提取成为知识"，那么就不难理解数学应用意识的培养不是讲几道应用题就能实现的。教师应注意加强数学教学内容与现实世界的密切联系，使学生经历数学化和数学建模这些生动的数学活动的过程，这样做将会让学生对数学的认识有很大改观。

"鸡兔同笼"是中国古代著名的趣题之一。大约在一千五百年前，《孙子算经》中就记载了这个有趣的问题。书中是这样叙述的："今有雉兔同笼，上有三十五头，下有九十四足，问雉兔各几何？"这四句话的意思是：有若干只鸡和兔同在一个笼子里，从上面数，有三十五个头；从下面数，有九十四只脚。问笼中各

有几只鸡和兔？美国宾夕法尼亚州立大学数学教授杨忠道先生1988年撰文回忆，他小学四年级时的数学教师黄仲迪先生是如何讲授此题的，并认为黄先生讲解的"鸡兔同笼"激起了他本人对数学的兴趣，成了他数学工作的起点。黄先生讲解此题时不是直接给人结论，而是先给出求鸡、兔个数的公式，着重于获得结论的过程，引导学生在获得结论的过程中进行观察、分析、思考。

综上所述，从数学应用的实际教学及学生形成的数学观来分析，教师在静态的工具主义的数学观的指导下设计的教学问题，不利于学生的数学应用意识的培养，动态的、文化主义的数学观应受到教师的重视，而且教师应努力地将其应用到教学中，以培养学生的数学应用意识。同时，必须把握一点：数学应用不仅是目的，也是手段，是实现数学教育其他目的不可或缺的重要手段，是提高学生全面素质的有效手段。学生要在应用中建构数学思想、理解数学；在应用中进行价值选择，在应用中学会创新，求得发展。

二、加强数学语言教学，提高学生的阅读理解能力

数学阅读是一个完整的心理活动过程，它包括语言的感知和认读、新概念的同化和顺应、阅读材料的理解和记忆等，同时它也是一个不断分析、推理、想象的积极能动的认知过程。也就是说，数学阅读是一个提取、加工、重组、抽象和概括信息的动态过程。由于数学语言具有高度抽象性，数学阅读需要较强的逻辑思维能力。在阅读过程中，学生必须认识、感知阅读材料中有关数学的术语和符号，理解每个术语和符号的含义，并能正确依照数学原理分析它们之间的逻辑关系，最后达到对材料的本质理解，形成完整的认知结构。

应用题的文字叙述一般都比较长，涉及的知识面也较为广泛。阅读并理解题意成为解应用题的第一道关卡，不少学生正是由于读不懂题意而在解决问题的过程中频频遇到障碍。因此，教师可从以下两个方面入手：一是要提高学生对数据和材料的感知能力与对问题形式结构的掌握能力，使学生能够将实际问题转化为数学问题，然后用数学知识和方法去解决问题。二是要提高学生的阅读理解能力。在具体操作中，教师要告诉学生应耐心细致地阅读题目，碰到较长的语句时，可以在关键词和数据上标注记号以帮助自己阅读理解，同时必须弄清每一个

名词和每一个概念，搞清每一个已知条件和结论的数学意义，挖掘实际问题对所求结论的限制等隐含条件。在阅读题目的过程中，还要对问题进行必要的简化，用精确的数学语言来翻译一些语句，使题目简明、清晰。

三、数学应用意识教学应体现"数学教学是数学活动的教学"

（一）数学应用意识的本质

从数学的本质来看，数学是人类的一种创造性活动，是人类对外部物质世界与内部精神世界的一种理解模式，是关于模式与秩序的科学。传统的数学教学是以严谨的逻辑方式展开的，在这样的教学方式下，数学成为一种僵化和封闭的规则体系。这不仅仅反映了数学是关于秩序的科学的一面，数学更是关于模式的科学，是一门充满探索的、动态的、渐进的思维活动的科学。

在教学实践中，要体现"数学教学是数学活动的教学"，把握"数学是一门模式的科学"这一数学本质。"数学教学是数学活动的教学"具体体现为两方面。

一是数学活动是学生经历数学化过程的活动。数学活动就是学生学习数学，探索、掌握和应用数学知识的活动。简单地说，在数学活动中要有数学思考的含量，数学活动不是一般的活动，而是能够让学生经历数学化过程的活动。数学化是指学习者从自己的数学现实出发，经过自己的思考，得出有关数学结论的过程。

二是数学活动是学生自己建构数学知识的活动。从建构主义的角度看，数学学习是指学生自己建构数学知识的活动，在开展数学活动的过程中，学生与教材（文本）及教师产生交互作用，形成了数学知识、技能和能力，发展了情感态度和思维品质。每位数学教师都必须深刻认识到，是学生在学习数学，学生应当成为主动探索知识的"建构者"，学生绝不只是模仿者。

"数学应用"指运用数学知识、数学方法和数学思想来分析研究客观世界的种种表象，并加工整理和获得解决问题的方法的过程。从广义上讲，学生的数学活动中必然包含着数学应用。数学应用主要体现在两个方面：一方面是数学的内部应用，即我们平常对数学基础知识的系统学习；另一方面是数学的外部应用，即数学在生活、生产、科研实际问题中的应用。数学应用不能等同于"应用数学"，要让学生学会"于现实世界用数学"。教师要改变目前教学中只讲概念、定义、定理、公式及命题的纯形式化数学的现象，要还原数学概念、定理、命题产生及发展的全过程，体现数学思维活动的教学思想。只有认清这一点，才能在高校数学教育中培养学生的数学应用意识和能力。

为了使学生经历应用数学的过程，数学教学应努力体现"从问题情境出发，建立模型，寻求结论，应用于推广"的基本过程。针对这一要求，教师应根据学生的认知特点和知识水平，使学生认识到数学与现实世界的联系，通过观察、操作、思考、交流等一系列活动逐步发展自己的数学应用意识，形成初步的实践能力。这个过程的基本思路是：以比较现实的、有趣的或与学生已有知识相联系的问题引起学生的讨论；在解决问题的过程中，让学生带着明确的解决问题的目的去了解新知识，形成新技能，反过来解决原先的问题；让学生在这个过程中体会数学的整体性，体验策略的多样化，强化数学应用意识，从而提高解决问题的能力。

（二）实际教学中的注意事项

第一，切实进行思维全过程、问题解决全过程的教学。从现实背景出发引入新的知识，教师需要讲清知识的来龙去脉，让学生发现问题，从数学的角度分析问题并探索解决问题的途径，验证并应用所得结论的全过程。在此过程中要注意一点，上述过程要由教师引导学生按步骤体验，切忌由教师和盘托出。

第二，不能简单地把"由实际问题引入数学概念"看作只是"引入数学教学的一种方式"，而应站在数学应用的高度，将它视为数学地思考实际问题的训练，也就是把现实问题数学化的过程。

第三，对数学理论的应用，不能简单地认为其目的只是加深对理论的理解和掌握，而要站在数学应用的高度来认识它，其着眼点在于对数学结果的解释与讨论，对用数学解决实际问题的意义和作用的分析。

第四，加强对数学应用的教学。

（三）设计教学活动应遵循的原则

第一，可行性原则。数学应用的教学应与学生所学的数学知识相配合，与现行教材有机结合，与教学要求相符合，与课堂教学进度保持一致，不可随意加深、拓宽，增加学生的学习负担，脱离学生的学习实际。所以，教师要把握好"切入点"，引导学生在学中用，在用中学。

第二，循序渐进原则。不同学段的学生在数学应用的过程中有不同的侧重，在应用数学解决实际问题时，教师应考虑学生的认知特点和实际水平，做到由浅入深，以利于排除学生畏惧数学的心理障碍，调动学生的学习积极性，使数学应用教学收到良好的效果。例如，对处于感知和操作阶段的学生，教师在教学中应以学生熟悉的生活、感兴趣的事物为背景为其提供观察和操作的机会；对已经能够理解和表达简单事物的性质、能领会事物之间简单关系的学生，教师应注意在结合实际问题时，强化学生对数学知识之间的联系的体验，进一步让学生感受数学与现实生活的密切联系；对抽象思维已有一定程度的发展且具备初步推理能力的学生，教师应更多地运用符号、表达式、图表等数学语言，联系数学以及其他学科的知识，在比较抽象的条件下提出数学问题，加深学生对数学语言的理解。

第三，适度性原则。教师在数学应用的实际教学中应掌握好几个"度"（难度、深度、量度）。进行数学应用教学并不仅仅是为了给学生扩充大量的数学课外知识，也不仅仅是为了解决一些具体问题，更是为了培养学生的数学应用意识，培养学生的数学素质和数学能力。

四、激发学生学习数学的兴趣，提高数学应用意识

学生对数学的内在兴趣，是其学习数学的强大动力。爱因斯坦说过："兴趣是最好的教师，它永远胜过责任感。"只有当学生对数学产生浓厚的兴趣，思维达到"兴奋点"，他们才会积极主动地去探究数学问题，带着愉悦、激昂的情绪去面对和克服一切困难，去比较、分析、探索认识对象的发展规律，展现自己的智慧和才干；也只有充分发挥学生作为主体的能动作用，学生才能在数学学习中增强数学应用意识。在具体的教学中，教师可采用以下方法。

（一）创设数学情境

教师应尽量通过给学生提供有趣的、现实的、有意义的和富有挑战性的感性材料创设数学情境，引导学生从中发现问题、提出问题，并在"问题"的驱使下主动探索解决问题的方法。数学情境也是学生建构良好认知结构的推动力。

1. 用实际问题引入新课

在课堂教学中，经常用实际问题引入新课，既能避免平铺直叙之弊，又能增强学生的应用意识。同时，也能给学生提供一个充满趣味的学习情境，激发他们对新知的探究热情。如教师在讲授"微分学的应用"之前，可运用"海鲜店李经理的订货难题"这样的实际问题引入新课：

某海鲜店距离海港较远，其全部海鲜的采购均通过空运送到店内。采购部李经理每次都为订货发愁，因为若一次订货太多，海鲜店采购的海鲜会卖不出去，而卖不出去的海鲜死亡率高且保鲜费用也高。而若一次订货太少，则一个月内订货批次必然增加，这样会造成采购运输费用奇高，还有可能失去一些商机。

李经理为此伤透了脑筋，如果你是李经理的助手，请问你认为怎样帮助他选择订货批量，才能使每月的保鲜费用与采购运输费的总和最小？

2. 在例题、习题教学中引入丰富的生活情境

荷兰数学家弗赖登塔尔的"现实数学"思想认为：数学来源于现实，也必须扎根于现实，并且应用于现实，数学教育如果脱离了那些丰富多彩而又复杂的背景材料，就将成为无源之水、无本之木。在例题与习题教学中，教师应根据学生的生活经验，创设逼真的、丰富的生活情境，激发他们的学习兴趣，吸引他们更加主动地投入课堂学习，这将更加有利于学生的数学应用意识的培养。

3. 创设可进行实验操作的探究情境

教师可通过有目的地向学生提供一些研究素材来创设探究情境，让学生通过观察、实验、作图、运算等实践活动，探索规律，建立猜想，然后让学生通过严格的逻辑论证，得到概念、定理、法则、公式等。由此可以让学生增加运用数学知识解决问题的成功体验。

（二）引导学生感受数学应用价值

在数学教学中，教师不仅应该关注学生对数学基础知识、基本技能以及数学思想方法的掌握情况，还应该帮助学生拓宽视野，了解数学对人类发展的价值，特别是它的应用价值，让学生既有知识又有见识。数学与现代科技的发展使得数学的应用领域不断扩展，其不可忽视的作用被越来越多的人认同。环境科学、神经生理学、DNA 模拟、蛋白质工程、临床试验、流行病学、CT 技术、高清晰度电视、飞机设计、市场预测等领域都需要数学的支持。让学生了解数学的广泛应用，既可以帮助学生了解数学的发展情况，体会数学的应用价值，激发学生学好数学的勇气和信心，又可以帮助学生领悟数学知识的应用过程。在实际教学中，教师既可以自己收集有关资料并介绍给学生，也可以鼓励学生通过多种渠道收集数学知识应用的具体案例，并相互交流，激发学生学习数学的兴趣，增强学生的数学应用意识。

五、重视课堂教学，逐步培养数学应用意识

（一）重视数学知识的来龙去脉

数学知识的形成来源于生产实践的需要。学生所学的知识大都来源于生产实践，包括学生的生活经验，这就为我们从学生的生活实际入手引入新知识提供了大量的背景资料。在数学教学中，教师应该让学生了解这些数学知识的来龙去脉，充分体会这些知识的数学应用以及它们的应用价值，逐步培养学生的数学应用意识。

（二）鼓励和引导学生提出问题

从数学的角度描述客观事物与现象，寻找其中与数学有关的因素，是主动运用数学知识和方法解决实际问题的重要环节。例如，教师可以鼓励学生从数学的角度描述与出租车有关的数学事实（车费与行驶路程、等候时间、起步价有关；耗油量与行驶路程有关）。因此，教师在教学中应努力为学生提供尽可能多的具

有原始背景的数学问题，让学生自己抽象出其中的数学问题，并用数学语言加以描述。在数学教学中，教师可从以下几方面来设计问题。

1. 注重数学与日常生活的密切联系

日常生活中的许多问题，如住房、贷款、医疗改革、购物等，都与数学有着密切的联系。教师在数学教学中可以结合教学内容，将这些实际问题引入课堂。

2. 注重数学知识与社会的联系

数学的内容、思想、方法和语言已经渗透到社会生活的各个方面，经济发展离不开数学，高科技发展的基础在于数学。教师在日常教学中，可适当引入一些数学与社会现实联系的问题，如人口、资源、环境等社会问题。

3. 注重数学与各学科的联系

随着科学技术的迅速发展，数学与各学科的联系越来越紧密，数学作为基本工具的作用越来越显著。因此，教师在教学中要体现数学与其他学科的联系，多引入一些与其他学科有关的知识，如数学与医学：抓住 CT 与几何学的关系，引出 CT 的数学原理；数学与生物：利用生物学中细胞分裂的实例可加深学生对指数函数的理解。教师将这些问题与课本知识进行贯通与衔接，既能够增强学生利用数学知识的主动性，又能够强化学生的创新意识。

4. 注重数学与各专业的联系

对高校来说，数学是一门基础课程，是学习其他专业课程的基础。在强调"适度，够用"要求和数学课时数缩减的情况下，数学教学应注重与各专业的联系，有针对性地选择一些与各专业教学内容相关的问题。比如，可以向市场营销专业的学生介绍一些关于进货优化问题的数学知识，如当需求量随机时，选择何种方案能够使总利润最大；可以向物流专业的学生介绍一些与图论有关的实例，如七桥问题、商人过河问题等，使他们了解图论的思想，为以后学习专业知识打下基础；可以向机电类各专业的学生结合导数介绍与速率、线密度等问题有关的数学知识。

（三）为学生解决实际问题创造条件和机会

学生不仅生活在学校中，还生活在家庭和社会中，教师可以从学校生活、家庭生活和社会生活中选择有意义的活动让学生参与，或让学生走出课堂，去主动实践。创造机会让学生亲身实践是培养学生数学应用意识的有效手段。

1. 教学内容中可增加贴近生活的应用题

比如，据《市场报》1993年11月2日报道的一则消息，成都物业投资总公司为了让住房十分紧张的市民买到低价房屋，特意建造了一批每平方米售价仅为一千一百八十八元的住房，三年后该公司将全部购房款还给房主，这叫"三年还本售房"。某居民为解决住房困难，筹款购买了七十平方米的住宅。试问：该居民实际上用多少钱购买了这套住宅？（精确到个位，假设三年期储蓄的年利率是3.24%）这道题是根据报纸上的报道设计的应用题。这道题既可用学生掌握的数学知识解决，又与目前深化住房制度改革的形势密切相关。因此，学生对这一问题会很感兴趣，能够激发学生应用数学知识参与社会实践的兴趣。

2. 教师应努力挖掘有价值的研究性活动

从某种程度上说，课外活动对学生的自主性、独立性、选择性、创造性以及应用能力培养的意义是课堂教学活动难以替代的。适当地增加课外专题学习，开展研究性活动是对课堂教学活动的一种有益补充。比如，教师可以给学生布置一些研究性课题：①某商店某一类商品每天毛利润的增减情况；②银行存款年利率、利息、本息、本金之间的关系；③如何估算某建筑物的高度。让学生围绕这些研究性课题展开调查，尽可能多地让他们了解与题目相关的社会生活知识。然后让学生在教师的启发下，将这些实际问题转化为数学问题并选择适当的方法加以解决。对这类实践活动，首先学生需要明确研究的因素以及如何获取这些因素的相关信息，然后才能设法去收集相关信息并对这些信息进行加工和分析，找出解决问题的具体办法。此时，教学的重点便不再只停留在数量关系的收集上，而是侧重探索研究。这种探索研究一方面增加了学生解决实际问题的社会经验，有利于学生积累解答应用题的素材；另一方面培养了学生主动解决问题的习惯，激发了学生学习数学的兴趣，培养了学生的数学应用意识。

第四节　培养学生数学建模能力的教学策略

数学建模在科学技术发展中的作用越来越受到人们的重视，它已成为现代科技工作者必备的重要能力。培养学生的数学意识及运用数学知识解决实际问题的能力，既是高校数学教学目标之一，又是提高高校学生数学素质的必要条件。学生的数学素质主要体现在运用数学知识（数学思维）去解决实际问题，以及形成学习新知识的能力和适应社会发展的需要上。数学建模是解决数学问题的一种重要方法，从本质上来说，数学建模活动就是一种创造性活动，数学建模能力就是创新能力的具体体现。数学建模活动就是让学生经历"做数学"的过程，是学生养成动脑习惯和形成数学意识的过程；它为学生提供了自主学习的空间；有助于学生体验数学在解决实际问题中的价值和作用，体验数学与日常生活和其他学科的联系，体验综合运用知识和思想方法解决实际问题的过程，增强数学应用意识；有助于激发学生学习数学的兴趣，发展学生的创新意识和实践能力。

一、数学建模的含义

数学模型一般是实际事物的一种数学简化。描述一个实际现象可以有很多种方式，为了使描述更具科学性、逻辑性、客观性和可重复性，人们通常采用一种被普遍认为比较严格的语言来描述各种现象，这种语言就是数学。因此，数学模型是针对现实世界的一个特定对象、一个特定目的，根据其特有的内在规律，做出一些必要的假设，运用适当的数学工具，得到的一个数学结构。关于数学模型，目前还没有一个公认的定义。笔者认为，数学模型是关于部分现实世界为一定目的而做的抽象、简化的数学结构。也有人将数学模型定义为现实对象的数学表现形式，或用数学语言描述的实际现象，是实际现象的一种数学简化。

建立数学模型的过程称为数学建模。数学建模是利用数学方法解决实际问题的一种实践，即通过抽象、简化、假设、引进变量等处理过程后，将实际问题用数学方式表达出来，建立数学模型，然后运用先进的数学方法及计算机技术进行求解。因此，数学建模就是用数学语言描述实际现象的过程。这里的实际现象既包含具体的自然现象，例如自由落体现象；也包含抽象的数学现象，例如顾客对某种商品持有的价值倾向。这里的描述不仅包括对外在形态、内在机制的描述，也包括预测、试验和解释实际现象等内容。

在现实世界中，许多自然科学问题和社会科学问题并不是以现成的数学问题的形式出现的。只有在数学建模的基础上才有可能利用数学的概念、方法和理论对这类问题进行深入的分析和研究，从而从定性或定量的角度，为解决现实问题提供精确的数据或可靠的指导。

数学建模是联系数学与实际问题的桥梁，是数学在各个领域得以广泛应用的媒介，是数学科学技术转化的主要途径。数学建模在科学技术发展中的重要作用越来越受到数学界和工程界的普遍重视，它已成为现代科技工作者必备的重要能力之一。数学建模在不同的科学领域、不同的学科中取得了巨大的成就。例如，力学中的万有引力定律、电磁学中的麦克斯韦方程组、化学中的门捷列夫周期表、生物学中的孟德尔遗传定律等都是在经典学科中应用数学建模的范例。

二、数学建模的步骤

应用数学解决各类实际问题时，建立数学模型是十分关键的一步，同时也是十分困难的一步。在建立教学模型的过程中，人们需要调查和收集数据资料，观察和研究实际对象的固有特征和内在规律，抓住问题的主要矛盾，建立起反映实际问题的数量关系，然后利用数学的理论和方法分析和解决问题。完成这个过程，需要有深厚扎实的数学基础、敏锐的洞察力、大胆的想象力以及对实际问题的浓厚兴趣和广博的知识面。

一个合理、完善的数学建模步骤是建立一个好的数学模型的基本保证，数学建模讲究灵活多样，所以数学建模步骤也不能强求一致。下面介绍的"八步建模法"比较细致、全面，具体包括以下八个步骤。

（一）提出问题

能创造性地提出问题是成功解决问题的关键一步。很多问题没有得到很好解决的原因都是问题没有提好。这一步骤的关键在于明确建模目的和要建立的模型类型，即从问题情境以及获得的可信数据中可以得到什么信息，所给条件有什么意义，对问题的变化趋势有什么影响，并且要弄清该问题涉及的一些基本概念、名词和术语。通过对实际问题的初步认识和分析，明确问题情境，把握问题的实质，找准待解决的问题，提出明确的问题指标，明确建模的目的。

（二）分析变量

分析变量，即首先要将研究对象涉及的量尽可能地找准、找全，然后根据建模目的和要采用的方法，确定变量的类型是确定的还是随机的，并分清变量的主次地位，忽略引起误差较小的变量，初步简化数学模型。在研究变量之间的关系时，一个非常重要的方法是数据处理，即对一开始获得的数据做适当的变换或其他处理，以便从中找出隐藏的数学规律。

（三）模型假设

模型的假设是数学建模的基础，在进行假设前要将表面上杂乱无章的现实问题抽象、简化成数学的量的关系。模型假设，是建模的关键一步。模型假设的成功与否在一定程度上决定了后续工作能否顺利展开，甚至关系到整个建模过程的成败。因为影响一个现实事件的因素通常是多方面的，我们只能选择其中的主要影响因素以及它们中的主要矛盾并予以考虑，但这种简化一定要合理，过分的简化会导致模型距离实际太远而失去建模意义。因此，要根据对象的特征和建模目的，对问题进行必要的、合理的简化，用精确的语言做出假设，充分发挥想象力、洞察力和判断力，辨别主次。而且为了使处理方法简单化，应尽量使问题线性化、均匀化。

（四）建立模型

在前三步的基础上，根据研究对象本身的特点和内在规律，以模型假设为依据，利用适当的数学工具和相关领域的知识，通过联想和创造力的发挥及严密的推理，最终形成描述研究对象的数学结构。简单来讲，这一环节要求尽可能用简洁清晰的符号、语言和结构将经过简化的问题进行整理性的描述，只要做到准确和贴切即可。建立的模型在表述上应尽可能符合一些已经成熟的规范，以便应用已知结论求解以及应用与推广模型。

（五）模型求解

建立数学模型还不是建模的最终目的，建模是为了解决问题，因此还要对建立的数学模型求解，以便将其应用于实践。不同的模型要用不同的数学工具求解，可以采用解方程、画图形、定理证明、逻辑运算以及数值计算等各种传统的或近代的数学方法。随着信息科学的高速发展，在多数场合下，数学模型求解问题必须依靠计算机软件才能得到较好的解决。因此，熟练利用数学软件会为数学模型的求解带来便利，在解题的过程中起着不可替代的作用。

（六）模型分析

模型求解只是解决问题的初步阶段，因为在建立模型的过程中，只是近似地抽象出实际问题的框架，在设计变量、模型假设、模型求解等阶段，都会忽略掉一些实际因素，或者引入一些误差，使得数学模型仅是问题的"近似"与"估计"，得到的结果也只能是近似值或估计值。因此，在模型求解后有必要进行结果的检验分析与误差估计，以便了解所得结果在什么情形下可信，在多大程度上可信，也就是下面将要论述的模型分析。

模型分析主要包括误差分析，对各原始数据或参数进行的灵敏度、稳定性分析等。模型分析过程可简化如下：分析—不合要求—重新审查并修改重建—合要求—评价、优化—解释、翻译成通俗易懂的语言。

（七）检验模型

检验模型，通俗地讲，就是把通过模型求解所得的数学结果解释为实际问题的解或方案，并用实际的现象、数据加以验证，检验模型的合理性和适用性。检验模型的方法主要包括以下两类：①实际检验：回到客观世界中检验，用实验或问题提供的信息来检验。②逻辑检验：一般是结合模型分析以及对某些变量的极端情况获取极限的方法，找出矛盾，否定模型。如果检验结果与实际情况相差太大，应当从改进模型的假设条件入手（出现这种情况可能是因为将一些重要的因素忽略了，也可能是将某些变量之间的关系进行了过分简化的假设），需修改或重新建立模型，直到得到比较满意的检验结果。

（八）模型应用

模型应用是建模的宗旨，也是对建模最客观、公正的检验，数学建模需要在实践的检验中多锤炼、提高、发展和完善。

以上提出的数学建模的八个步骤，各步骤之间有着密切的联系，它们是一个统一的整体，不能分开，在建模过程中应灵活应用以上步骤。

三、培养学生数学建模能力的必要性

（一）有利于学生动手实践能力的培养

在传统的数学教学中，大多是教师给出题目，学生给出计算结果。问题的实际背景是什么、结果怎样应用等问题在传统数学教学中很难得到体现。数学建模是一个完整的求解过程，要求学生根据实际问题抽象和提炼出数学模型，选择相应的求解算法，并通过计算机程序求出结果。在数学建模过程中，学生将学过的知识与周围的现实世界联系起来，对培养学生的动手实践能力很有好处，有助于学生毕业后快速完成角色的转换。

（二）有利于学生知识结构的完善

构建一个实际数学模型涉及多方面的问题，如工程问题、环境问题、军事问题、社会问题等。因此，数学建模有利于促进知识交叉、文理结合，有利于促进复合型人才的培养。另外，数学建模还要求学生具有很强的计算机应用能力和英文写作能力。数学建模教会了学生面临实际问题，如何通过收集信息和查阅文献，加深对问题的理解，构建合理的数学模型。这个过程就是学生自主学习、探索发现的过程。"授人以鱼，不如授人以渔。"通过这样的训练，学生具备了一定的自我学习的方法和能力，这与现代社会"人才应具有终身学习的能力"的要求是相符的。

（三）有助于学生创新意识和创新能力的培养

我国传统的数学课程过多地注重对确定性问题的研究，采用的是"满堂灌"的教学方式。这种教学方式容易导致学生形成"惰性思维"，难以充分展示学生的个性。而数学建模可以通过大量生动有趣的实例来激发学生学习的兴趣和学习热情。数学建模不同于传统的解题教学，在建模过程中没有固定的模式和固定的答案，即使是对同一问题进行研究，其采用的方法和思路也是灵活多样的。建模没有最好，只有更好。从对实际问题的简化假设，到数学模型的构造、数学问题的解决，再到模型在实际生活中的应用，无不需要创造性的思维和创新意识。数学建模可以培养学生的洞察力、想象力和创造力，提高学生解决实际问题的能力。

（四）有利于学生团队精神的培养

学生在毕业后，大多从事的是一线工作，而一线工作非常需要学生具备合作精神和团队精神。数学建模活动需要学生以团队的形式参加，通过全体同学在建模过程中的合理分工与协作来解决问题。集体工作、共同创新、共享荣誉，这些都有利于培养学生的团队精神和协同创业意识。任何一个参加过数学建模活动的学生都会因团队荣誉带来的成功和喜悦受到由衷的鼓舞。因此，数学建模活动的开展，有利于学生团队精神的培养。

总之，数学建模体现的创新思维意识、团队合作精神正是我们这个时代需要的，培养学生的创新思维意识、团队合作精神是高校数学任课教师必须努力实现的目标，数学建模活动的开展也为高校数学课教学指明了方向。

四、数学建模的教学要求

第一，在数学建模中，问题是关键。数学建模的问题应是多样的，应来自日常生活、现实世界等。同时，解决问题涉及的知识、思想与方法与高校数学课程内容有密切的联系。

第二，通过数学建模，学生将经历解决实际问题的全过程，体验数学与其他学科及日常生活之间的联系，感受数学的实用价值，增强数学应用意识，提高数学应用能力。

第三，每个学生都可以根据自己的生活经验发现并提出问题，对同样的问题，可以发挥自己的特长和个性，从不同的角度及层次探索解决问题的方法，从而获得综合运用知识和方法解决实际问题的经验，培养创新意识。

第四，学生应该在发现和解决问题的过程中，学会通过查询资料等手段获取信息。

第五，将课内教学活动与课外教学活动有机地结合起来，把数学建模活动与综合实践活动有机地结合起来。数学模型有广义和狭义之分，广义的数学模型包括从现实问题中抽象概括出来的一切数学概念、各种数学公式、方程式、定理以及理论体系等。其中，数学概念、命题教学都可看作广义数学模型的建立过程。狭义的数学模型是将具体问题的基本属性抽象出来成为数学结构的一种近似反映，是一种反映特定的具体实体内在规律性的数学结构。

五、培养学生数学建模思想的教学对策

（一）在理论教学中渗透建模思想

数学理论是因为实际需要产生的，也是应用其他定理的前提。因此，教师在教学中应重视从实际问题中抽象出数学概念，让学生从模型中切实体会到数学概念是因有实用价值而产生的，从而培养学生学习数学的兴趣。例如，在讲定积分概念时，用求曲边梯形面积作为原型，让学生体会一定条件下"直"与"曲"相互转化的思想以及"化整为零、取近似、求极限"的积分思想。通过模型来学习数学概念，学生可以看到抽象问题是如何实际提出的，从而对数学建模产生兴趣。同时，教师应重视传统数学课中重要方法的应用，例如利用一阶导数、二阶导数求函数的极值和函数曲线的曲率解决实际问题。

（二）在实际应用中体现建模思想

教师可以选择一些简单的数学课程内容，结合实际问题设计一些题目，根据建模的一般含义、方法、步骤对这些问题进行讲解，从而培养学生学习数学建

模的兴趣，激发学生对数学建模的积极性，使学生具有初步的建模思想。例如，在工程、经济、医学、体育、生物、社会等学科中有许多知识系统，有时很难找到这些系统中有关变量之间的直接关系——函数表达式，但却能找到这些变量和它们的微小增量或变化率之间的关系式。这时便可采用微分关系式来描述这些系统，即建立微分方程模型。因此在教学过程中，教师应注意培养学生用上述工具解决实际问题的能力。

（三）在考核中增设数学建模环节

目前，考试仍然是高校考查学生学习情况的重要途径，但考试并不能充分体现出学生各方面的能力。除数学建模课程外，教师也可以设立数学建模考试环节，具体可将试题分为两部分：一部分是基础知识类试题，可以要求学生在规定时间内完成；另一部分是一些实用性的开放性试题，可以参考数学建模竞赛的形式。这样不但能考查学生的能力，而且还能从中挖掘有潜质的学生，鼓励其参加全国大学生数学建模竞赛。

（四）建立适合数学建模思维的教学方法

数学建模本身是一个不断探索、不断创新、不断完善和不断提高的过程，数学建模思维的培养需要学生具备一定的数学基础、广博的知识面和丰富的想象力。与其他数学类课程相比，数学建模课程具有难度大、涉及面广、形式灵活等特点，对教师和学生的要求相对比较高，教师必须采取符合数学建模思想的教学方法。

1. 教师与学生双向互动的教学模式

建模教学一般采用双向的教学方法，该方法有利于改变过去传统教学方式的单一性，强化"启发式"教学方法的实施。在建模课程中要突出学生的主体性，充分发挥学生的主动性和积极性以及学生作为活动主体应有的地位和作用。教师在建模教学中应适当减少讲解理论知识的时间，增加课堂交流的时间，给学生留下独立思考的空间，并增加课堂练习时间，便于教师及时掌握学生的学习效果。部分教学内容可以采用学生讲解、课堂讨论的形式，让学生自己当一次教师。教师在学生讲解完相关内容后，组织全班展开讨论，鼓励其他学生提出疑问并发表不同的见解。最后，教师可以就其中出现的一些问题进行纠正或补充总结。教师要学会驾驭课堂，学会耐心倾听学生的意见，培养学生的求知欲望，激发学生的创新意识，培养学生的创新精神和创新能力，同时也要有意识地提出问题，以培养学生发现问题、解决问题的意识。

2. 教学与自学相结合的教学方法

数学建模涉及的知识面比较广，不可能让学生先学会所有的知识再去建模，且仅靠课堂上所学的知识也难以圆满完成建模任务。这就要求学生利用丰富的网络学习资源不断地进行自我学习、自我充实。教师除了在课堂上向学生传授数学理论知识外，还应培养学生学会利用各种资源快速获取信息及掌握新知识的能力，指导学生阅读图书馆、网络平台的书籍和论文，阅读与建模相关的资料。广泛的阅读学习可以开阔学生的视野，培养学生的自学能力。通过这样的训练，学生可以掌握一定的自我学习方法和具备一定的自我学习能力。事实表明，数学建模是激发学生学习欲望，培养学生主动探索、努力进取和团结协作精神的有力措施。

3. 现代开放式的教学方法

在培养数学建模思想的过程中，教师可以引入开放式的教学方法，如探究式、研讨式、案例式、启发式等教学方法。教师在建模初始阶段应从简单的问题入手，引导学生初步掌握用数学形式刻画和构造模型的思想，培养学生积极参与和勇于创造的意识。随着学生能力的提升和经验的增加，教师可让其以实习作业或活动小组的形式展开分析讨论，分析每种模型的有效性，并提出修改意见，以确定讨论范围是否有进一步扩展的意义。这样，学生可以在不断发展中树立信心，学到知识。受思维定式的影响，很多学生认为数学问题只有一个标准答案，在解答完数学问题后，就不会再考虑是否还有其他方案，缺少创新思维。为此，教师应开拓学生的思维方式，启发学生积极讨论，鼓励学生从多个角度考虑问题，大胆提出不同的解决方案，鼓励学生另辟蹊径，让学生在小组讨论后说出各自的答案，集体评价各种思路的利弊。通过教师的引导、启发与集体讨论，学生会逐渐发现自己在认知方面的不足，并养成多方面、多角度考虑问题的习惯。

4. 借助现代教学手段辅助教学

运用计算机工具解决建模问题，是促进数学建模教学的有效方法。教师可以利用多媒体工具进行建模讲解，通过多媒体设备向学生展示生动有趣的案例、丰富多彩的图形和动画，从而激发学生学习建模的兴趣与热情。同时，教师应注重对学生运用计算机软件建立数学模型的能力的培养。学校应建立计算机交互式多媒体实验室，扩建原有的数学建模实验室，供广大数学建模爱好者使用，为数学建模教学创造良好的实验条件和环境。数学建模课可以整合开设，除了调整教学内容、增加最新技术成果及应用简介之外，还要增加知识模块之间的衔接，结合建模方法和教学软件来培养学生的探索兴趣与解决实际问题的能力。

六、培养数学建模能力的教学策略

要提高高校学生的建模综合能力，教师首先要在平时的数学课堂教学中，从对学生各项能力的培养入手。

（一）培养学生的双向翻译能力

实际应用问题，一般以普通语言或图表语言的形式给出，而数学建模多是用符号描述的。所以，双向翻译能力是应用数学的基本能力，为了提高这方面的能力，教师在教学中应该做到。

1. 注重数学概念、公式、定理的产生和发展的问题背景的教学

语言是问题描述的载体，不同的语言有不同的表现形式，学生能否准确、熟练地翻译这些语言十分重要，这直接决定了其建模能力的强弱。诸多数学概念、公式、定理的产生和发展都有着丰富的问题背景，这为我们在数学教学中训练学生的语言翻译能力提供了素材。教师应在数学教学中适当补充概念、公式以及定理的应用性知识，充分体现知识产生于实践又服务于实践的特点。

2. 以科学思维方法为视角，精选、剖析优秀的竞赛试题和参赛作品

科学的思维方法是人们认识科学的手段，是使人们的思维运动通向客观真理的途径和桥梁。因此，教师在数学教学中必须重视科学思维方法的教育。精选

往年典型的数学建模竞赛试题并引导学生分析、解答，引导学生研读优秀的参赛作品，无疑是提升学生语言翻译能力的有效途径。

（二）培养学生的解题能力

讲授数学建模的具体思维方法，可以培养学生的解题能力。具体思维方法是哲学思维方法、一般思维方法在数学学科某些特殊领域的特殊应用，是认识对象的特殊属性决定的特殊方法，有参数辨识建模方法、线性规划、多目标规划以及各种统计方法等。如 2000 年 DNA 分类问题涉及的聚类分析方法，2002 年公交车调度问题中如何将多目标规划问题转化为单目标规划问题等。对以上具体问题的讲解，帮助学生熟练掌握这些方法的使用原则和处理问题的技巧，是提高学生解模能力的有效措施。此外，教师还应结合实验课中的实验内容，分层次、有目的地设计不同的题目，以锻炼学生应用数学软件包的能力。

（三）培养学生的观察和猜想能力

通过类比引导等方法，可以培养学生的观察和猜想能力。

1. 教给学生观察、猜想的方法

笛卡尔说过："最有价值的知识是关于方法的知识。"在数学教学中，教师应该有意识、有目的、有步骤地对学生进行观察、猜想的方法的教学，帮助他们掌握科学的观察、猜想的方法。如介绍一些数学家的著名猜想及其发展脉络时，通过追踪数学家的猜想思路获得猜想的思维方法，如探索性猜想方法、类比性猜想方法等。强化过程教学，培养学生的判断能力、否定意识及创新精神。结合数学史料进行教学，让学生在学习中体验科学家创造知识成果的艰难、曲折的历程，感受科学家为追求真理而献身的崇高境界，从而逐渐培养他们实事求是、独立思考、勇于创造和不畏艰难的科学精神。

2. 加强传统数学课、实验课教学，培养学生观察、猜想的能力

数学中的许多著名公式与定理都是数学家通过细心观察、归纳、类比等过程提炼出来的，这为培养学生的观察能力提供了丰富的"土壤"。

在概念、定理以及公式的教学中，结合该课型的特点，注意分析概念、定

理以及公式的产生过程，通过比较它们的各个侧面、特点、差异，引导学生概括出它们的共同本质，进而抽象出新概念、新理论。如讲授随机变量概念的引入和建立，学生可以从骰子的点数、产品中次品的件数等数字表示的事件入手，观察其特点。然后，将非数字表示的随机事件数字化，再次观察其特点，最终抽象概括出建立在样本空间（事件域）上的函数——随机变量。

第八章

数学建模与大学生创新能力培养

第一节　高校数学教学中培养学生的创新能力

数学教学改革的出路在于创新，创新能力的培养是高校数学教学改革的核心问题。唯有创新，才能有所突破、有所超越、有所发展。高校数学教学改革实践在传授知识的同时应重视能力的培养，尤其是创新能力的培养。下文从数学思想方法教学、数学应用教学、数学"研究性学习"四个层面探讨在高校数学教学改革实践中培养学生创新能力的认识与体会。

一、数学思想方法教学的研究与实践

（一）渗透数学思想方法，完善学生数学认知结构

数学思想方法大致可分三类：①逻辑性数学思想方法，包括类比、归纳、演绎、分析、综合、科学猜想等；②宏观性数学思想方法，包括符号思想、化归思想、坐标思想、函数思想、数学公理化方法、极限方法等；③技巧性数学思想方法，包括换元法、配元法、待定系数法、等价变换思想、数形结合思想、反演思想、数学模型方法、数学变换方法、数学构造方法等。

数学认知结构是学生将头脑里的数学知识按照自己理解的深度、广度，结合自己的感觉、知觉、记忆、思维、联想等认知特点结合成的一个具有内部规律

的整体结构。学生的数学认知结构就是数学学科知识结构在大脑中的内化反映，通过这种内化过程，学生头脑里形成一个动态的数学知识系统，即数学知识结构通过主体内化为数学认知结构。学生的数学学习过程是学生原有数学认知结构中有关数学知识和新学习数学知识相互作用，形成新的数学认知结构的过程。

数学教材是以数学知识结构和数学思想方法为两条主线贯穿展开的。两条主线经纬纵横，构筑成数学教材的高楼大厦。数学知识结构好比是数学教材的硬件，数学思想方法则是数学教材的软件，是构建学生数学认知结构、提高数学能力和数学素质的基本因素。方法是思想的具体表现、数学实践的操作步骤，而数学思想是对数学的事实、概念、理论、方法的本质认识和进一步概括研究，是方法的理论依据，对方法具有导向性作用。数学思想方法是数学能力的重要组成成分，是数学的"灵魂"。数学思想方法从属于经验系统，也是知识的一部分，如果把知识称为硬件的话，它就是知识的软件，有了数学思想方法才能使"硬知识"转变为人的智慧即思想方法。因此，只有用数学思想方法统摄教学过程，才能使学生从本质上去理解教材中的知识，才能真正掌握各种具体的解题方法，才能把数学知识内化为心智素质。在高校数学改革的实践过程中，要在知识和解题方法介绍完后再引申一步，总结思维策略，提炼数学思想方法。数学思想方法深刻揭示数学知识之间的本质联系，使数学知识之间具有整体性、统一性、系统性。数学思想方法既是联系各类数学知识的纽带，又提供了学习、运用数学知识和思维策略的模式，因此在高校数学教学中注重数学思想方法教学，可以使呈现给学生的数学知识具有较好的结构性，便于学生完善数学认知结构。

例如，新的概念、命题等总是通过与学生原来的有关数学知识相互联系、相互作用转化为主体的数学知识结构，学习和掌握公理、方法有利于学生理解数学知识之间的本质联系，掌握数学知识整体结构，有助于这种相互作用和转化的实现。数学思想方法能沟通数学问题之间的内在联系，使数学知识和解题模式构成一条有机联系的知识链。同时，数学思想方法还体现联系、运动、转化的思想，提供了一种动态思维模式。综上所述，只有学习和掌握数学思想方法，才能有助于学生在头脑中形成一个既有实体又有灵魂的活的数学认知结构。

（二）数学思想方法教学的教育功能

数学思想方法具有较高的概括性和包容性，数学思想方法教学能帮助学生顺利地实现两个迁移：①抓住概念、法则、公式、定理等共性，运用类比，例如由平面几何的定理"正三角形内任一点与其三边的距离之和为定值"推论立体几何新命题"正四面体内任一点与其四个面的距离之和为定值"，实现知识上的迁移；②要不断研究运用知识方法上的共性，不断引导学生"举一反三""触类旁通"，努力实现能力上的迁移，从而达到能力的提高。后者更为重要。

1. 数学思想方法教学中让学生学会数学创新思维

数学思维是人对于数学对象的理性认识过程，也是人脑对数学对象产生活动并按照一般思维规律认识数学内容的理性活动，具有一般思维的根本特征，又有个性。在思维活动上，主要表现为按照客观存在的数学规律的表现方式进行的，具有数学的特点与操作方式，特别是作为思维载体的数学语言的简明性和数学形式的符号化、抽象化、结构化倾向。数学创新思维是数学思维活动中最有价值和最积极的一种思维方式，也是揭示数学对象的本质和规律的主要思维方法。数学创新思维是求同思维与求异思维高度发展与和谐的产物，先求同后求异，从而得到最佳思维途径，产生最佳思维效果。这就要求我们在数学思想方法教学中，要让学生感受、理解知识产生和发展的过程，培养学生的科学精神和创新思维习惯。

数学思想方法教学一个很重要的目的是让学生学会数学创新思维，所以应在数学思想方法教学中有意识地培养学生数学创新思维品质。数学创新思维品质是指在数学创新思维活动中个体表现的智力特点，是判断个体创新思维智力水平的主要指标。数学创新思维品质是数学思维敏捷性、深刻性、灵活性、广阔性、批判性、独创性等多种思维品质的综合体现。

2. 数学思想方法教学中培养学生分析和解决问题的能力

在由"应试教育"向"素质教育"转变的今天，高校数学教学不再满足于单纯的知识灌输，而立足于让学生理解、掌握数学中最本质的东西。用数学思想方法统率具体的数学知识和具体问题的解法，培养与发展学生的数学能力，尤其是分析和解决问题的能力，有利于提高学生的数学素养。

二、数学应用教学的研究与实践

（一）数学应用教学的意义

华罗庚说过："宇宙之大，粒子之微，火箭之速，化工之巧，地球之变，生物之谜，日用之繁，无处不用数学。"数学的特点之一是应用广泛性，这是数学生命力之所在，也是数学内容虽然高度抽象却仍能蓬勃发展的基础。由于数学具有广泛的应用价值、卓越的智力价值和深刻的文化价值，因此在基础教育中占有特殊的重要地位。随着社会的发展，数学的应用越来越广泛。数学是人们参加社会生活、从事生产劳动和学习，研究现代科学技术的基础；在培养和提高思维能力方面发挥着特有的作用；其内容、思想方法和语言已成为现代文化的重要组成部分。

学以致用，这是数学教学追求的目标之一，联合国教科文组织在巴黎召开的数学教育目标研讨会上指出："数学之所以重要，是因为它具有解决各种问题的潜在能力，而不是由于其他什么原因，数学课程不能单纯地用数学证明，也不能全部由概念和技巧所拟定，它还必须考虑到我们生活于其中的现实世界的各种需要"。学与用相辅相成，获取知识不是终点，应用知识才是更重要的任务。现实社会对数学教学及其研究提出了更高要求，不但要求学生有扎实的基础知识，而且要求学生具有一定的技能和数学应用能力，从而更有效地用数学解决实际问题。当前，重视数学应用教学更显得意义重大。

因此，在高校数学教学中，要增强对学生应用数学的意识的培养，一方面应使学生通过背景材料进行观察、比较、分析、综合、抽象和推理，得出数学概念和规律，包括公理、性质、法规、公式、定理及其联系，以及数学思想方法等；另一方面，更重要的是使学生能够运用已有知识进行交流，并能将实际问题抽象为数学问题，建立数学模型，从而形成比较完备的数学知识，要引导学生去接触自然、了解社会，鼓励学生积极参加形式多样的课外实践活动。

数学应用教学能充分发挥数学实际应用价值，目的是要培养学生解决实际问题的能力。解决实际问题的能力是指：会提出、分析和解决带有实际意义的或在相关学科生产和生活中的数学问题，会使用数学语言表达问题，进行交流，形成应用数学的意识。

（二）数学应用教学的教育功能

1. 数学应用教学中培养学生应用数学的乐趣

应重视数学概念从实际问题引入，培养学生应用数学的兴趣充分利用教材中的实际问题进行概念教学。例如，在讲余弦定理时，可以提出引例：某工程师设计一条穿山的铁路，需要计算开凿隧道的工程量，请你帮他测算一下隧道的长度，可以将这个隧道的平面图设计为三角形。

教师可以引导学生先确定合适的测量点，在这个过程中教给学生正确选择测量点的方法，让学生通过实际操作选出测量点。然后通过建立平面直角坐标系让学生去体会直角三角形三条边之间的关系，从而自然地将余弦定理的概念引导出来，进而深入讲解余弦定理的内容，学生就在这种教学方式下加深了对余弦定理的理解。引导学生积极思维，参与教学过程，也为以后的余弦定理的应用教学打下了良好的基础，因此导入数学概念、定理、公式应尽可能从实际问题出发。

又如，某炮兵部队在炮击敌方目标时，指挥官向炮手发出指令，"东南方1000米开火"也是运用"一个方向和两个距离"来定位的实例，由此引入极坐标课题，中心突出，学生兴趣盎然。类似的，在教指数、对数函数的课程中，引用人口数目或其他生物数目增减变化的规律；教函数最值问题的过程中，引用最大利益问题；教等差、等比数列，引用银行的存款、借贷与投资收益问题；教直线方程、引用线性拟合与线性规划的问题；教概率计算、引入保险收益、彩票中奖问题等，这些都有助于提高学生对数学的兴趣。英国早已把银行、利率、投资、税收等写入数学教材，美国加州的数学教科书与数学教学中着重强调的是"解决问题"，这些培养学生应用数学兴趣的做法都值得我国数学教育工作者借鉴与学习。

学生在解决实际问题的数学化过程中，会进一步认识到"数学的世界可以看作以纯粹数学为核心的各种层次的应用数学的同心层组成的"。数学应用教学使学生热爱数学、热爱生活。

2. 数学应用教学中培养学生建立数学模型的能力

在数学应用教学中，引导学生能够运用已有知识将实际问题抽象成数学问题，建立数学模型。所谓数学模型，就是针对或参照某种事物系统的主要特征或数量相依关系，用形式化的数学语言，概括地或近似地表达出来的一种数学结构。这里的数学结构有两方面的具体要求：①这种结构是一种纯关系结构，即必须是经过数学抽象扬弃了一切与关系无本质联系的属性后的结构；②这种结构是用数学概念和数学符号来表述的。从数学模型的意义上研究数学不仅可以大大简化和加速人们数学思维的形成，而且使数学应用在各个科学领域进行定量分析和深入研究成为可能。常用的数学模型有函数模型、数列模型、不等式模型、三角函数模型、立体几何模型、解析几何模型等。

3. 在数学应用教学中培养学生的创新精神

21 世纪，科学技术的迅猛发展以及日益国际化，要求基础教育既要培养学生的国际合作精神，又要培养爱国主义精神，这些都是创新精神的主要内容。而数学应用教学既可以反映数学在现代科技和当今现代社会生产方式的种种用途，又可以追溯到数学对中华民族乃至人类文明史的种种贡献。因此，数学应用教学是培养学生创新精神的有效途径。例如，通过设计一些现实社会生产的应用题，使学生对"半衰期""开普勒效应""单利""复利""折现值""利润""可变成本"和"不变成本"等科技名词和经济术语加以理解和掌握，是加强学生现代科学素养的条件。再如，立足我国国情以《周髀算经》《九章算术》等"算经十书"或其他古代著作为蓝本，收集素材，选择和设计一些应用题，使学生了解我国源远流长、灿烂辉煌的古代数学文化，这也是培养高校学生民族自豪感和强烈自信心的良好途径。

数学应用教学的实际应用价值是多方面的，正如我国数学物理学部中国科学院院士们撰文特别指出"数学的贡献在于对整个科学技术（尤其是高新科技）水平的推进与提高，对科技人才的培养与滋润，对经济建设的繁荣，对全体人民的科学思维与文化素养的哺育"，这一方面的作用是极为巨大的，也是其他学科所不能全面比拟的。

综上所述，在高校数学教学中，要关心生活，关心社会；要重在实际，重在应用；要重在能力，重在创新。

三、数学"研究性学习"的研究与实践

（一）数学"研究性学习"与数学研究性课题

教育部发布的《基础教育课程改革纲要》中强调了新课程的培养目标应体现时代要求，设置综合实践活动作为必修课程，主要内容包括研究性学习等。"在必修课程和选修课中增加的实习作业和研究性课题为创新意识和实践能力的培养提供了一个机会，要在教学中加以实施。"

数学"研究性学习"是指学生在教师指导下，从学习生活和社会生活中选择其确定的数学研究专题，用类似科学研究的方式，主动地获取数学知识、应用数学知识、解决问题的数学学习活动。这是一种先进的教育指导思想，其核心是改变学生的数学学习方式，强调一种主动探究式的数学学习，培养学生的创新精神和实践能力。

数学研究性课题是数学研究性学习的典型样态，主要是指对某些数学问题的深入探讨，或者从数学角度对某些日常生活和其他学科中出现的问题进行研究，充分体现学生的自主活动和合作活动。数学研究性课题应以所学的数学知识为基础，并且密切结合生活和生产实际。课题的选择可以从提供参考课题中选择，也可以师生自拟课题。提倡教师和学生自己提出问题，目的是通过数学研究性课题的教学让学生学会学习，培养学生主动探究的精神。对此，数学教学《新大纲》中提出以下教学目标：①学会提出问题和明确探究方向；②体验教学活动的过程；③培养创新精神和应用能力；④以研究报告或小论文等形式反映研究成果，学会交流。

《新大纲》提出的课题如"数列在分期付款中的应用""向量在物理中的应用""线性规划的实际应用""多面体欧拉定理的发现"等都属于数学研究性课题。下文以数学研究性课题"向量在物理中的应用教学"为例，谈谈在数学教学中开展研究性学习的构思。

1. 指导选题

（1）组织课题组，收集资料。小组合作是数学研究性学习的基本组织形式。课题组多由学生自由组合，教师适当调节。小组人数一般为 3～6 人，小组合作有利于培养学生社会合作精神与人际交往能力。许多有研究价值的课题出自"问题"，"问题"能激发学生的学习兴趣。教师可以引导学生搜寻在日常生活中与数学有关的"问题"，展开调查研究，收集课题资料，在调查活动中培养信息收集能力。

（2）提出问题。提出问题的能力也是数学研究性学习要培养的能力之一。在调查基础上，让学生畅所欲言，讲一讲自己在生活中发现的与数学相关的现象并提出问题，教师鼓励引导学生独立提出问题。教师要对学生提出的问题进行分析，把学生感兴趣、有价值的问题"转化"为数学研究课题。教师要巧妙地将研究问题转移到教科书中的数学研究性课题上来。

2. 制定研究方案，实施研究

研究问题过程是学生体验教学活动的过程，教师应与学生共同分析。课题组根据研究方案，做好比较详细的工作记录，随时记下自己的感受与体会。教师给予一定的时间，创造必要的物质条件，并对学生进行操作方法的指导和如何利用社会资源的指导。

3. 撰写研究报告

问题解决之后，教师组织每个课题组反思研究过程，特别是过程中遇到的困难及解决困难的灵感，指出思维上的相似点和不同点，展开交流与辩论，培养学生信息交流能力。然后，教师引导学生及时对这些内容进行整理、加工，本着实事求是的原则，撰写实验报告。最后，教师组织课题组交流研讨，分享成果。

4. 对活动的评价

活动的评价包括：①学生自我评价；②小组评价；③教师评价。其中教师评价应以肯定为主，保护学生的学习积极性，为使评价更客观，又需对学生的活动过程和研究成果进行评价。教师评价具体为：①学生进行数学研究性学习活动的态度；②学生进行数学研究性学习活动的体验（信息的准确性、活动的流畅性等）；③学生创新能力的发展情况（提出问题的创新性、创新思维在解决问题时的充分发挥）；④评价书面材料，注意语言的技巧和结果的科学性。

通过以上教学环节，充分挖掘学生潜能，培养学生创新精神和责任感，提高学生的社会实践能力。围绕数学研究性课题开展数学研究性学习的教学过程的主要特征是：数学教学的整个过程，学生都是研究者，直接获得经验，学生是数学研究性学习活动的主体。

（二）开展数学研究性学习的探索

数学研究性学习的特点表现在：①数学研究性学习是主要围绕数学问题（或专题、课题）的提出和解决组织学生的学习活动；②数学研究性学习呈开放性学习的态势；③数学研究性学习主要由学生完成；④数学研究性学习重视结果，但要注意数学学习过程以及在数学学习过程中的感受和体验。与数学学科课程相比，数学研究性学习是在数学教学过程中以数学问题为载体，创设一种类似科学研究的情景，让学生通过收集、分析和处理信息来实际感受并体验数学知识的产生和应用过程，进而认识自然、了解社会、学会学习、学会合作，培养分析问题和解决问题的能力，发展与提高创新能力。

数学研究性学习可以从四个层面开展。

1. 更新教学，让每一个学生都成为研究者

立足课堂教学、深入挖掘教材是数学研究性学习的基础。为了提升数学课的研究成分，数学教学应当把握好以下三个环节：①揭示知识背景，从数学家的"废纸篓"里寻找研究的痕迹，让学生看到并体验数学家面对一个新问题是如何去研究、创造的；②创设问题情境，给学生一个形象生动、内容丰富的对象，使学生身临其境，作为主体去从事研究；③暴露思维过程，不仅要给出成功的范例，还应展示失败和挫折，让学生了解探索的艰辛和反复，体会研究的氛围和真谛。

2. 贴近生活，让每一位学生都成为体验者

体验学习是指人们在实践活动过程中，在情感行为的支配下，通过反复观察、尝试，最终构建新知识的过程，追求的是在潜移默化中实现的认知积累和更新。在新的数学教学大纲中，对体验学习提出了明确要求，比如在必修课和选修

课中设置实习作业和研究性课题，这些都是体验学习的研究内容和有效手段。围绕体验学习，在教学实践中，教师要特别注重引导学生去贴近生活，关心身边的数学，善于用数学的眼光审视客观世界中丰富多彩的现象。同时，也让学生感受数学在生活及社会各个领域中的广泛应用。

例如，我们每天都可以看到"城市气象预报"，教师可以要求学生每天做好记录，并希望他们能用最简洁明了的方式来反映变化。一个月后，学生将每日气象预报剪下来按顺序贴在一起，有的学生将数据记录制成表格，还有的学生将不同的节气对气象质量指数的影响描绘成一张曲线图。

经过这一实践活动的磨炼，函数及其图像、函数单调性等一些抽象概念使学生在自身的体验过程中逐渐地增加了感性认识，这也为进一步理性思考打下了基础。日气象预报—数据表格—曲线图，学生这一认知的转化和突破基于三个因素：①为了突出主要对象；②为了比较对象之间的差异；③为了直观地反映数量间的关系。他们从中可以感悟到很多数学知识。一个问题分析、表达、解决看来比较困难时，人们便会想方设法发明一种更好的办法去解决。他们的这一体验比数学知识本身更重要，也更有价值。数学教学完全有可能分为若干个阶段：非形式的操作、体验—直观易懂的形象摄取—较严密的逻辑体系。在各个分阶段有层次地增加一些尝试和体验，这是很有意义的数学研究性学习。在这样的体验学习过程中，学生挖掘出了许多很有价值的素材，并举办报告会，写出小论文，这又极大地鼓励他们进一步去探索研究。

3. 小组合作，让每一个学生都成为协作者

在高校数学教学过程中，教师既是教学的组织者，也是研究的开发者，营造一个宽容、和谐、民主的环境，使得数学教学行为趋于多重整合。教师特别要倡导小组合作活动，让学生在小组内自由地开展数学活动，尽可能少地打扰、干涉学生之间的思考和探索，并充分地为他们提供合作、讨论、发表意见的时间和机会。在数学活动中培养合作精神，让学生的研究热情得以充分发挥。

4. 注重实验，让每一个学生都成为探究者

数学实验也许是今日最时髦的话题了，如"实验几何""数学建模""数学实验室""数理综合课""数学活动课"等，通过数学实验活动，有助于学生形成

良好的数学经验和意识。数学长期以来一直被认为是演绎科学，而贯穿其中的是"定义—定理—证明—体系"，却隐去了数学产生及数学家创造活动的其他重要因素，展示给学生的只是组织好的数学系统。数学实验之所以越来越受到人们的青睐，一方面是由于人们对数学本质的认识发生了变化，已经将它从象牙塔中搬了出来；另一方面，依托迅速发展的计算机技术手段，使得数学实验变得更易实施，更有利于学生探究数学问题。

数学知识不是现成的传递，而要回到它的经验状态，通过学生的亲身体验实现转化。数学教学既要传播过去积累的数学知识，又要渗透未来需求的数学知识，在知识传授的同时注重学生创新意识和实践能力的培养和发展。因此，数学教学要尽可能地还原知识形成的本来面目，而且在提升探索数学问题的价值方面多下功夫，这也是数学研究性学习的一项重要课题。

（三）开展数学研究性学习的思考

数学研究性学习有两种所指，一是指数学研究性学习课程；二是指数学研究性学习方式。教育部发布的《全日制普通高等职业院校课程计划》把研究性学习课程规定为重要内容。研究性学习课程作为一个独具特色的课程领域，首次成为我国基础教育课程体系的有机构成部分，被公认为我国当前课程改革的一大亮点。所谓数学研究性学习课程是指学生基于自身兴趣，在教师指导下，从自然、社会和学生自身生活中选择和确定数学研究专题、主动获取应用数学知识、解决问题的数学学习活动。数学研究性学习课程是与数学学科课程迥异的课程形态，根本特性是整体性、实践性、开放性、生成性、自主性。

数学研究性学习课程整体性是指数学研究性学习课程必须立足于人的个性的整体性，立足于每一个学生的健全发展。实践性是指数学研究性学习课程以活动为主要开展形式，在"做""考察""实验""探究""体验""创作"等一系列活动中发现和解决问题，体验和感受生活，发展实践能力和创新能力。开放性是指数学研究性学习课程关注学生在活动过程中产生的丰富多彩的学习体验和个性化的创新性表现，其评价标准具有多元性，因而其活动过程与结果具有开放性。生成性是指随着数学研究性学习课程活动的不断展开，新的目标不断生成，新的主题不断生成，学生在这个过程中兴趣盎然，认识和体验不断加深，创新的火花不断迸发。自主性是指在数学研究性学习课程的开展和实施过程中鼓励学生的自主选择和主动探究，将学生的需要、动机和兴趣置于核心地位，为其个性充分发展创造空间。

作为一种学习方式，数学研究性学习是指教师或他人不把现成结论告诉学生，而是学生在教师指导下自主发现问题、探索问题、获得结论的过程。数学研究性学习作为一种学习方式的最直接、最根本、最重要的目的，在于改变学生单纯地以接受教师传授知识为主的数学学习方式，为学生构建开放的学习环境，提供多渠道获取知识，并将学到的知识加以综合应用于实践，培养创新精神和实践能力。

数学研究性学习无论作为一门独立的课程，还是作为一种学习方式，目前仍属于初创实验阶段，给我们广大的数学教师提出了新的挑战。

（1）选择适当的、优秀的课题十分困难。适合学生研究的课题，不仅要使学生力所能及，更重要的是对学生的发展有价值。

（2）数学研究性学习的每一个学习环节对实现教学目标都十分重要：数学课本是实施数学研究性学习的必需品，课题是实施数学研究性学习的关键，小组的划分对实施数学研究性学习很重要，开题报告的优劣决定数学研究性学习的成败，实施过程是数学研究性学习的中心环节，结题报告是数学研究性学习的结晶，总结评价是数学研究性学习的重要环节。

（3）作为数学研究性学习的指导教师，他们的角色已发生变化，从单纯的知识传授者变为学生学习的促进者、组织者和指导者，主要表现在：①及时了解学生研究活动的进展情况，有针对性地指点、点拨、督促；②当学生遇到困难时，不是告知结论而是提供信息、启发思维、介绍方法、补充知识等；③争取家长和社会有关方面的关心、理解与参与，与学生一起开发校内外有价值的教育资源，为学生开展研究性学习提供良好的条件；④采取有效手段对学生的研究活动进行监控，指导学生写好研究日记、记载研究情况、记录个人体验；⑤及时做好过程评价，观察学生的行为变化，关注学生的发展状况并做好记录；⑥帮助学生做好总结和反思，特别注意的是，最后的评价是一种发展性评价。

数学知识是开展数学研究性学习的良好载体，而且非常丰富，应加以开发利用。数学教学的各个环节都有数学研究性学习的任务。数学教学有多种教学方法，为数学研究性学习的开展提供了广阔的舞台。数学研究性学习的实施又是提高数学教师素质的一条途径。数学研究性学习已成为数学课程体系重要组成部分，这是数学教学改革的成果。数学研究性学习是当前数学教学改革中，培养学生创新能力的最佳途径。

第二节 数学建模与创新能力培养

创新人才的培养是职业教育的新要求。高质量人才的培养不仅需要培养其传统意义上的逻辑思维能力和推理能力，还需要为所涉及的专业问题建立数学模型，进行数学实验，使用先进的计算工具。因此，如何培养学生的学习兴趣，培养学生的学习积极性及求知欲，培养学生的创新能力和创新意识，已成为高校教育亟待解决的问题。在高校数学教学中，传统的数学教学通常注重知识的传授、公式的推导、定理的证明和应用能力的培养。这种模式有时也是相当成功的，但这种教学模式不能有效地培养学生的学习兴趣，培养学生的学习积极性、求知欲、创新能力及创新意识。

如何培养创新意识以及创新能力，没有现成的模式可以遵循，没有既定的方法可以应用，只有通过教师的探索和实践。近几年来，中国几乎所有的大学都开设了数学建模和数学实验课程，在人才培养和学科竞赛方面取得了显著成绩。如何把实际问题与他们所学的数学知识联系起来，根据实际问题提取数学模型；如何应用建模方法和技术、数学模型中涉及的各种算法等；如何应用相应的数学软件平台进行计算等已成为研究的重点。

一、数学教学存在的问题及培养学生创新能力的必要性

高等数学、经济数学等数学课程是高等院校工程、机械、电气、计算机、经济管理等专业的一门重要的基础课程。作为一种工具，它在其他专业课程中起

着非常重要的作用。然而，高等院校注重专业课程和专业课程的实践，较为忽视基础课教学，尤其是专业基础课的数学教学。另外，受高校扩招等因素的影响，高校学生的素质有所下降，一些学生在数学学习中存在着各种各样的心理障碍，如没有自信、目的不明确、缺乏兴趣等。同时，一些高校数学教师的教学模式不合理，还是使用过去普通的教育模式。在教学过程中，以概念讲解、定理证明、计算技巧为主。在数学概念的引入中，实践背景不足，实际应用与专业联系不够，课程课时有限，课程内容很难详细讲解，这使得学生感觉抽象，难以理解；教学内容不针对实际问题，使学生对学习数学不感兴趣，培养和提高数学素质的能力更难以体现。此外，高校数学教材比较理论化，忽视了数学知识的应用和延伸，没有突出专业性和实用性的特点。而今，随着科学技术的飞速发展，创新对促进一个国家的经济和社会发展具有很强的作用。我国正处于知识快速发展和科技发展的阶段，因此，培养具有创新意识和创新能力的人才显得尤为迫切。高校学生喜欢独立思考，有很强的创新意识，喜欢尝试做新的事情。因此，这一时期最容易培养他们的创新意识，提高他们的创新能力。高等职业教育作为高等教育的重要组成部分，肩负着为经济建设一线培养合格的应用型人才的重任。在新形势下，要注重培养学生的创新精神和创新能力，提高学生的就业能力和社会竞争力。

二、培养学生的数学建模创新能力

（一）数学建模活动可以改变学生对数学学习的认识

数学课程的教学是围绕数学概念、数学方法和数学理论进行的。这在传统的长期的教学中已经形成了固有的经典模式。许多定理、公式和方法的讲授都是严谨的、教条的、死板的。有部分学生在传统的应试教育下比较适应这种学习方式，这也能使学生学到很多数学知识。但是，这样获得的知识大多数都是用来应付考试的，除此之外似乎毫无用处，以至于很多学生认为学习数学对以后的工作没有用，于是对学习数学失去兴趣。数学建模为数学方法与解决实际问题之间的联系开辟了道路。在建模活动中，我们要求学生在实际问题中简化、抽象、组织及分拣数据，并用数学结构表示。在解题完成后，有了结论，学生还需要检验结论，如果与实际不相符，还需要进行纠错或改进。学生在数学建模中体会数学在解决实际问题中的价值和作用，体验数学与生活和其他学科之间的关系，体验运用数学知识、方法及计算机、数学软件工具解决实际问题的过程。应该提高学生的应用意识，认识到数学在身边，这将激发学生学习数学的兴趣。

（二）通过数学建模活动提高学生自学能力和综合应用知识能力

在数学建模的过程中，需要用到广泛的知识。这些知识除了与要解决的问题相关的专业知识，还需要掌握很多数学方法及计算机编程或软件的应用。例如计算方法、微分方程、运筹学、计算机语言、数学编程等。让一个学生掌握以上这些技能方法显然是非常困难的。在数学建模的培训中，教师也只会讲解一些较为经典的方法及例题，不可能涉及解决问题需要的所有知识。因此，在正式比赛中，学生首先要在两道题中进行选择，选择适合本团队，即对于本团队成员来说较为容易解决的问题来做。之后需要广泛地查阅相关信息及资料，包括从教材、相关论著及网络上寻找可以使用的方法及已有的解决类似问题的方法，并从中提取他们在解决本问题中可以用到的方法。在正式的数学建模竞赛中，一个团队的3名学生按照比赛纪律要求，是不能与任何其他人进行交流的，包括指导教师和其他参赛团队。遇到难以解决的问题时，他们也只能够通过团队内部讨论和不停地学习来寻找解决问题的方法。通过这样的比赛，极大地锻炼了参赛学生的自学能力及查阅资料信息的能力。这种能力的具备，对学生应对未来具有挑战性的工作非常有帮助。

（三）数学建模可以培养学生利用计算机处理数据的能力

数据作为目前最热门的 IT 行业的词汇，随之而来的数据仓库、数据安全、数据分析、数据挖掘等围绕数据的商业价值的利用逐渐成为行业人士争相追捧的利润焦点。随着数据时代的来临，数据分析也应运而生。运用计算机，使用相应的处理软件可以用来处理复杂的计算问题和烦琐的数据统计、分析等。这些数据的处理或计算若通过人工计算其复杂程度是难以想象的。同时，利用计算机还可以将数据进行更直观的表示。由此可见，通过数学建模，可以提高学生使用计算机处理数据的能力，而这种能力正是时下最热门的。

（四）通过数学建模活动可以增强学生的团队协作精神

当今社会科技发展迅速，如不能适应社会的快速发展，最终就会逐渐被社会抛弃。数学建模竞赛的问题都是当下热门的社会、经济及工业问题。通过参加比赛，学生可以了解当下的科技热点，学习最新的理念、新的解决问题的方法。这样就可以锻炼参与者的综合素质。以后不管从事哪一个行业，学生都能很快地适应工作并且发挥得更好，能更容易找到创新的方法。完成一项大型的系统工程，一个人的能力再强也是有限的，这就需要团队合作，优势互补。

在数学建模竞赛中，由于问题的复杂性需要用到多方面的知识，在比赛的过程中，要查资料，要解决使用什么数学方法的问题，要建立数学模型，要利用计算机计算、统计、画图，最后还要组织语言，写一篇流畅、语义表述清晰的论文。不同的学生在不同领域有优势，为了最终拿出出色的成果，必须团队协作。在比赛中，学生学会了倾听和尊重他人的意见，学会了信任，学会适当妥协，学会了怎样与人合作。这样就很好地锻炼了学生的团队协作精神，这在今后的工作中也是极其重要的。

第三节　简单数学模型和数学建模的基本步骤

因为数学建模法的应用特别广泛，具体的建构方法和应用方法可以说是千变万化、层出不穷，所以至今没有得出一套公认的比较完善的规律和程序。这正是数学建模学科研究的内容，因此这里只能指出一般的方法论意义下的建模方法和步骤。

一、主要的数学建模方法

主要的数学建模方法有两大类：机理分析法和数据分析法。

（一）机理分析法

所谓机理分析，指对基本结构比较清晰的对象，根据对要建模的原型领域的事物特征的认识，找出反映其内部机理的空间形式和数量关系的规律，也就是通过事物涉及的基本定律和系统的结构来寻找与之相似的数学工具作为数学模型。这样建立的模型一般都有明确的物理或者实际意义。例如，离散性的问题可以运用代数方法模型，社会学、经济学领域的问题、涉及决策对策的问题一般用逻辑方法模型，涉及变量之间的关系的问题用微分方程模型。

（二）数据分析法

所谓数据分析，指对内部机理不太清晰的对象，可以把要建模的原型领域的事物看作一个系统，通过对系统输入、输出数据的测量和统计分析，按照一定的准则找出与数据拟合得最好的数学工具作为数学模型。例如，可以用回归分析法建立模型，即数理统计模型；也可以用时序分析法建立模型，即过程统计模型。数据分析法还可以利用计算机仿真技术甚至利用人工智能系统建立数学模型。

二、数学建模的步骤

（一）模型准备

了解问题的实际背景，明确建模目的，收集必需的各种信息，尽量弄清对象的特征。提出要解决的问题并用清晰明确的语言加以表述，为进行机理分析或者数据分析奠定基础。

（二）模型假设

根据对象的特征和建模目的，对原型问题进行适当的抽象和假设，决定采用何种方法建构模型——是机理分析还是数据分析。然后依据采用的基本方法，分析各种因素，做出理论假设。

（三）模型构成

根据所做的假设分析对象的因果关系，进一步抽象出表述对象特征的形和量，利用对象的内在规律，确定各个形和量的数学结构，也就是用数学的语言，利用现成的数学工具，或者创造新的数学工具描述对象的内在规律。这就具体地构成了数学模型。这里应该遵循反映性原则，若数学模型与原型的空间形式和数量关系相似，也应该遵循简化原则，使所采用的现成的数学工具具有最简性，遵循可推演原则，使所创建的新的数学工具是有数学意义的、有效的数学模型。

（四）模型求解

模型求解就是解数学模型表达的数学问题，可以采用解方程、画图形、证明定理、逻辑运算、数值计算等各种传统的和近代的数学方法，特别是用计算机技术得到模型问题的结果。也可以采用数据分析的方法，对统计模型进行数据分析，并进行统计推断得出相应的模型问题结果。两者都需要得到有意义的数学结果，这也是可推演原则的要求。无论是用机理方法还是数据分析方法得到的模型，求解一般都需要大量的计算，许多时候还需要采用计算机模拟，因此可推演原则中自然也就包括了计算机编程和数学应用软件利用。

（五）模型分析

对模型解答进行数学上的分析，例如数学推演结果的逻辑分析、误差分析以及数据分析结果的灵敏度分析。若符合要求，可以将数学模型进行一般化和体系化，按此解决问题；若不符合要求，则进一步探讨，需要返回模型求解的步骤重新求解，直到符合要求为止。

（六）模型检验

把数学模型的解概括到原型的领域，也就是使模型分析的结果回到原型问题，并用原型问题的实际的现象、实际发生的数据与之比较，检验模型的合理性和适用性。如果经过检验，模型的推演结果和原型的真实结果一致，那么这个数学模型就构成这个原型领域的一个成果，不仅解决了建模开始时原型提出的问题，而且作为经过验证的数学模型可以在以后运用。如果是创新的数学模型，还同时得到数学的新成果。如果经过模型检验推演的结果与原型的真实结果不一致，则需要返回到模型假设那一步，重新进行假设，并提出新的假设，重复以上各个步骤，直到得到需要的结果。

（七）模型应用

现成的模型应用就是用数学模型达到建模的目的 —— 解决原型提出原来的问题；此次新创建的数学模型则可以作为新的数学工具得到存储和编目，以备之后的建模运用。同时，无论哪种模型，还需要在应用中不断优化，即对假设和数学模型不断加以修改，得到几个不同的模型，对它们进行比较，直到找到最优模型。

参考文献

[1] 黎诗明.大学数学教学与思维能力培养研究[M].北京：中国商业出版社，2023.

[2] 黄永辉，计东，丁瑶.数学教学与模式创新研究[M].北京：中国纺织出版社，2022.

[3] 徐泽贵.数学解题思维与能力培养研究[M].长春：吉林人民出版社，2020.

[4] 于晓要，李娜，杨召.高校数学教学模式构建与改革研究[M].长春：吉林出版集团股份有限公司，2021.

[5] 曾亮.大学数学教学策略与实践研究[M].北京：中国原子能出版社，2023.

[6] 郑王炜.基于核心素养下的数学教学研究与思考[M].沈阳：辽宁大学出版社，2022.

[7] 刘永强，陈小玲，张茜.数学知识教学与学生能力培养[M].长春：吉林人民出版社，2021.

[8] 侯毅苇，张晓媛.大学数学教学与创新能力培养研究[M].长春：吉林人民出版社，2021.

[9] 张定强，张炳意.数学教学关键问题解析[M].北京：中国科学技术出版社，2020.

[10] 黄永彪.数学文化融入大学数学教学的实践研究[M].合肥：合肥工业大学出版社，2022.

[11] 刘丽梅.大学数学能力培养与教学研究[M].北京：中国纺织出版社，2023.

[12] 李凡，江伟，廖品春.数学教学设计与案例分析[M].长春：吉林人民出版社，2022.

[13] 欧阳正勇.高校数学教学与模式创新[M].北京：九州出版社，2020.

[14] 高正欣作.高等数学教学策略创新研究[M].成都：电子科技大学出版社，2023.

[15] 李英奎，周生彬，马林.数学建模研究与应用[M].北京：北京工业大学出版社，2021.

[16] 赵培勇.高校数学教学方法发展与创新研究[M].延吉：延边大学出版社，2022.

[17] 赵长林，王桂清，李友雨 . 大学课程与教学研究 [M]. 北京：北京理工大学出版社，2020.

[18] 张明成 . 数学建模方法及应用 [M]. 济南：山东人民出版社，2020.

[19] 田立新 . 新时代大学数学教学改革新动能 [M]. 镇江：江苏大学出版社，2023.

[20] 庞峰 . 高等数学思想与方法研究 [M]. 北京：中国原子能出版社，2022.

[21] 李海霞，刘欣，于丽 . 多元视角下的大学数学教学研究 [M]. 长春：吉林摄影出版社，2022.